图与网络

高等学校数学类专业系列教材

颜谨　王光辉　主编

Graphs and Networks

中国教育出版传媒集团
高等教育出版社·北京

内容提要

本书介绍了图与网络的核心内容与经典算法。其中，核心内容有连通性、Euler 问题与 Hamilton 圈问题、平面图与着色问题、Ramsey 数与随机图等，经典算法有最小支撑树和最短路算法、网络流算法与匹配算法。本书在内容上注重理论与实例相结合，也注重将一些现代学科的应用融入相应的章节，如信息学、生物医药、人工智能、编码设计、芯片设计等。在不失专业性的前提下，本书具有通识性、交叉性、科普性和前沿性的特点。

本书包含两类数字资源，其中一类是数学家以及著名问题的小故事，另一类是书中有难度的定理证明。这些资源以二维码的形式呈现，读者扫码就可观看，方便自学。

本书是本科生学习图与网络的一本入门教材，也可以作为研究生及科研人员的工具书。

图书在版编目（C I P）数据

图与网络 / 颜谨，王光辉主编. -- 北京 : 高等教育出版社，2024.6（2025.5重印）

ISBN 978-7-04-061717-7

Ⅰ. ①图… Ⅱ. ①颜… ②王… Ⅲ. ①图论 - 高等学校 - 教材 Ⅳ. ①O157.5

中国国家版本馆 CIP 数据核字（2024）第 039007 号

Tu yu Wangluo

策划编辑 李冬莉　责任编辑 李冬莉　封面设计 赵 阳　版式设计 于 婕
责任绘图 裴一丹　责任校对 胡美萍　责任印制 刁 毅

出版发行 高等教育出版社
社　　址 北京市西城区德外大街 4 号
邮政编码 100120
印　　刷 涿州市京南印刷厂
开　　本 787 mm× 1092 mm　1/16
印　　张 11.75
字　　数 180千字
购书热线 010-58581118
咨询电话 400-810-0598
网　　址 http://www.hep.edu.cn
　　　　 http://www.hep.com.cn
网上订购 http://www.hepmall.com.cn
　　　　 http://www.hepmall.com
　　　　 http://www.hepmall.cn
版　　次 2024 年 6 月第 1 版
印　　次 2025 年 5 月第 2 次印刷
定　　价 38.90元

物 料 号 61717-00

序

图论是研究离散对象二元关系的一个数学分支，它以图为研究对象。常言道“世间万物皆图，人生百态皆网络”，足以看出图与网络的广泛应用及普适性，无论是自然界的事物还是人类社会中的关系都可以用图与网络的思想来理解和表达。图论研究涵盖了结构图论、极值图论和随机图论等分支，近年来涌现了像“正则引理”等强有力的数学工具与方法。同时，图论被广泛地应用在人工智能、管理学、社会学、计算机科学等领域，这为图与网络的广泛应用提供了机遇，并为其发展创造了条件。著名数学家、Wolf 奖得主 Lovász 教授在“*Graph theory over 45 years*”中写到：“在过去的十年里，图论已经变得越来越重要，体现在它的应用价值及它跟数学其他分支的紧密联系。”

山东大学是国内图论研究的发源地之一，组合优化和图论的研究有悠久的历史。谢力同先生在 20 世纪 60 年代初就率先在山东大学数学系建立了运筹学专门化，培养了一批运筹学教学和科研人才。1980 年他邀请加拿大著名图论权威学者 Tutte 来山东大学讲学一个月，吸引了全国四十多名学者参加，极大推动了国内图论的发展。

山东大学数学学院具有优良的办学传统，注重教材建设。刁在筠、刘桂真等编写的《运筹学》先后发行了四版，获得了各种奖项。作为运筹学的重要分支，图与网络近几十年来经历了飞速发展，当代社会对图与网络知识的需求日益增加，出版图与网络方面的优质教材至关重要。

该书是编者根据多年的教学实践，在参考图论原有教材的基础上编写而成，该书注重理论与应用实例相结合，以增强教材的实用性、趣味性。相信该书的出版将对图与网络的研究起到促进作用，特作此序。

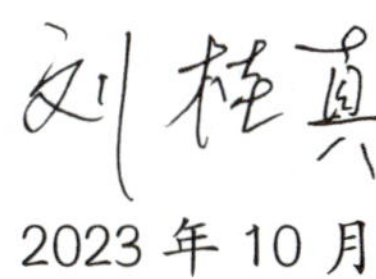

2023 年 10 月

前言

著名的哥尼斯堡七桥问题、四色定理和旅行商问题都是图论中的问题；图神经网络、复杂网络、异质网络等都以图结构为基础来研究其特征和模式。具体来说，图与网络是研究离散对象间二元关系的数学分支，有趣又有用、成熟又活跃，属于运筹学、组合数学、代数以及拓扑等的交叉学科。

图与网络的模型有助于使问题形象化，从而便于研究者更好地理解和分析问题，找到问题的最优解法。众多学科领域都能找到图与网络应用的范例，例如计算机网络、交通网络、社会网络、生物网络、贸易网络等，以及化学中的分子结构、物理学中的电网络等。图与网络中有大量典型的模型和算法，是值得许多学科借鉴的模型库和算法基础；此外，图与网络在信息科学、生命科学、通信、经济管理等众多领域中都是重要的研究工具。近年来得益于各学科之间的进一步交叉融合，图与网络得到了空前的蓬勃发展。

本书将系统介绍图与网络的基本概念、基本定理与方法，以及该领域中比较经典且有趣的问题和典型的算法，展示图与网络理论模型、方法的广泛应用以及它们与现实世界的密切联系，在为读者打下理论基础的同时，也为他们进行应用研究提供一个有力的工具。本书主要内容包括图的基本概念与基础知识、图的支撑树与最短路算法、连通性与网络流算法、匹配问题、Euler 环游与 Hamilton 圈问题、平面图与着色问题、Ramsey 数与极值问题、随机图论、网络科学与图神经网络简介、图与有向图的应用等。在内容安排上，我们注重理论与应用实例相结合，以增强教材的实用性、趣味性，从而有助于提高读者的学习兴趣；每章末的知识拓展部分，介绍了该章的内容拓展和相关课题的最新发展，使读者可以领略这个方向的前沿知识和课题。

本书是山东大学本科生通识教育核心课程“图与网络”的配套教

材，具有通识性、交叉性、科普性和前沿性的特点。是学习图与网络的一本入门教材，只要读者具备一些代数知识，就能读懂大部分的内容，因此也可作为大学生的自学教材。我们在编写时特别关注学科交叉与文理互融，故本书适于多学科的读者阅读，如数学、计算机科学、信息科学、经济学、管理科学、生物学、物理学及化学，以及其他相关领域等。读者可运用本书介绍的图与网络中的模型及方法来解决本学科的问题。本书比较通俗易懂，且包含了图论中的核心内容和主要定理的证明，内容全面，因此也可以作为图论方向的本科生和低年级研究生的科研工具书。读者通过学习，不仅能获得比较系统的知识，体会蕴于其中的科学精神、数学思想，还能够从比较开阔的、跨学科的视角进行思考。

本书还包含两类数字资源：一类是数学家以及著名问题的小故事，另一类是书中有难度的定理的证明。这些数字资源以二维码的形式呈现，读者只要扫码就可观看，方便自学以及了解图与网络的发展史。另外，为了方便教师教学，我们还制作了配套的教学课件，可以从高等教育出版社新形态教材网上获得。

在本书编写过程中，山东大学数学学院运筹学方向的研究生做了大量工作；“图与网络”课程的同学们对初稿提出了一些很好的建议；本书还得到了山东大学的资助。对以上帮助，我们表示深深的感谢！此外，感谢高等教育出版社对本书出版的重视和支持，感谢本书引用的参考文献的所有作者。特别地，我们主要参考了高随祥编写的《图论与网络流理论》，刁在筠、刘桂真、戎晓霞、王光辉编写的《运筹学 (第四版) 》等，在此一并致谢！

由于编者水平有限，书中不足之处在所难免，恳请读者不吝赐教。

颜谨　王光辉

2023 年 9 月

目录

绪　论

一、图与网络的起源

图与网络的起源要追溯到哥尼斯堡(Königsberg)七桥问题,在18世纪普鲁士的哥尼斯堡城,有一条河穿城而过,河中有两座小岛,有七座桥将小岛与河岸连接起来,它们之间的关系可以用图I.1(a)表示.许多市民喜欢在城中散步,同时他们热衷于一个问题:能否从某个地方出发,不重复不遗漏地穿过所有的桥恰好一次后再回到出发点?很多人尝试过,都没有成功,也没有人能够解释为什么不能成功.直到1736年,数学家Euler(欧拉)用图论方法证明了这个问题是无解的.

Euler将该问题转化为图I.1(b),即用顶点表示四块陆地,用边表示七座桥,如果两块陆地之间有一座桥,则连一条边,这样得到了有四个顶点和七条边的一个图(graph).上面的问题就转变为"能否从一个顶点开始一笔画出这个图而回到该顶点".由于这个图的每个顶点所连的边数都是奇数,因此答案是否定的.在1741年,Euler以拉丁文正式发表了论文"关于位置几何问题的解法",文中详细讨论了哥尼斯堡七桥问题并作了一些推广.该论文被认为是图论、拓扑学和网络科学的起源.

我们再看这样一个问题,某商人要到若干城市去推销商品,已知各城市之间的路程,他要选定一条从驻地出发,经过每个城市恰好一次,

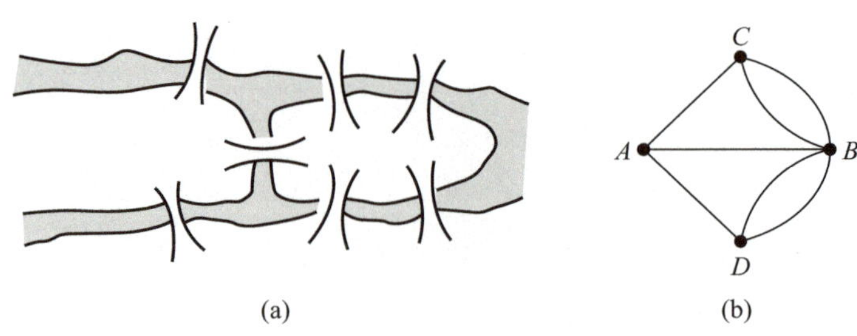

图 I.1 哥尼斯堡七桥图示

最后回到驻地的路线，使总的路程最短，这就是著名的**旅行商问题**（或称流动推销员问题）. 如果用顶点表示城市，两个城市之间有直达的道路则连一条边，并对每条边赋一个权值来表示两城市之间的距离. 这样得到的赋权图称为网络. 从图的一个顶点出发，经过其他每个顶点恰好一次，然后回到初始顶点的闭途径称为 Hamilton（哈密顿）圈. 那么旅行商问题就是寻找网络中权和最小的 Hamilton 圈. 旅行商问题有诸多应用，比如校车在指定站点接送学生、运钞车运送钞票，以及大型连锁超市的货物配送等. 对于这部分内容，我们将在第 5 章详细讨论.

二、图论发展中的重要事件

除了上述几个著名的问题，在图论的发展中，还包含许多有趣的故事和重要的事件，它们是图论发展的重要标志.

1847 年 Kirchhoff（基尔霍夫）把电网络与图联系起来，解决了电网络方程组中的独立方程数目问题，他创立的电网络分析方法至今仍是电网络中的基本分析方法.

1852 年 Guthrie（格思里）提出世界三大猜想之一的四色猜想.

1875 年 Cayley（凯莱）在考查化学中碳氢化合物的同分异构体时，发现了树（tree，图的基本结构），并用树的计数解决了碳氢化合物分子的计数问题.

1936 年 König（柯尼希）著成了第一本专门讨论图论的书，第二本图论书由 Berge（贝尔热）在法国完成，使得图论在欧洲更加出名，后来这两本书由耶鲁大学的 Ore（奥尔）和密歇根大学的 Harary（哈拉里）翻译成英文在美国出版发行.

随着计算机科学的发展，在 20 世纪中后期发现了一些经典的算法，如求最小支撑树问题的 Kruskal（克鲁斯卡尔）算法（1956 年）和 Prim（普里姆）算法（1957 年）、求最短路问题的 Dijkstra（迪克斯特拉）算法（1959 年），以及求最大流的 2F 算法（1957 年）等.

由此可以看出，图论的产生和发展源于实际应用的推动. 上述内容将分别在第 2 章和第 3 章详细论述.

三、网络科学与图神经网络

1. 小世界网络（small world）

我们或许有过这样的经历：偶尔碰到一个陌生人，同他聊了一会后发现你认识的某个人他居然也认识，然后一起发出“这个世界真小”的感叹. 那么对于世界上任意两个人来说，借助中间联系人这样的间接关系来建立起他们两人的联系，平均来说最少要通过多少人呢？美国社会心理学家 Milgram（米尔格拉姆）在 1967 年通过一些实验后得出一个令人惊讶的结论：中间的联系人平均只需要 5 个，即只需要 6 步. 他把这个结论称为六度分离. 也就是说，平均只要 6 步，你就能与世界任何一个角落的任何一个人发生联系. 这个结论定量地说明了我们世界的“大小”，或者说人与人关系的紧密程度. 30 多年来，六度分离理论一直被作为社会心理学的经典范例之一. 在小世界网络中，如果每个顶点代表一个人，而连接线代表人与人认识，那么这个小世界网络可以反映陌生人由彼此共同认识的人而连接的小世界现象（如图 I.2）. 许多真实网络都展示出了小世界现象，例如社交网络、互联网的底层架构、基因网络，等等. 典型的小世界实验就是 Bacon（培根）数、Erdős（埃尔德什）数，我们将在第 10 章进行详细的讨论.

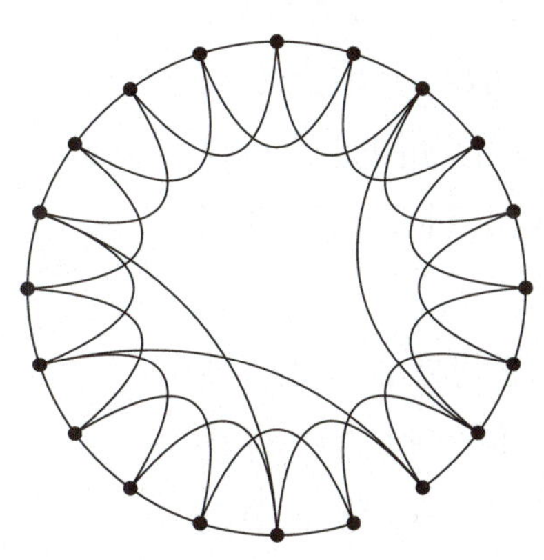

图 I.2 小世界网络

2. 网络科学

兴起于 20 世纪末的网络科学，主要研究各种复杂网络的共性和特征，在本世纪初就展现了蓬勃发展的生机活力. 戴汝为等人在钱学森的研究基础上，首次以因特网（Internet）为典型介绍复杂网络的一些典型性质,如自组织、演化、涌现、随机性、小世界、无标度等[17]. 近些年,以复杂网络作为研究对象的网络科学也促进了不同领域的发展,如网络医学、网络神经科学、网络药理学等[53]. 图结构的数据作为一种具有强大表达能力的数据类型,在人工智能的研究中占据非常重要的地位,其应用范围十分广泛. 近年来,随着大数据的出现和计算资源的飞速增长,各种深度学习的模型在应用领域取得了众多突破与进展,因此将深度学习扩展到图结构上的图神经网络模型应运而生. 在实际应用中,图神经网络已经拓展到了人工智能的众多领域,如基于社交网络的推荐系统、自然语言处理、计算机视觉推理等.

四、现实世界中的图论问题

1. 六人相识问题(Ramsey(拉姆齐)数问题)

在一次聚会中至少出席多少人才能够确保其中有 3 人是互相认识的或有 3 人是完全陌生的? 这个问题也可以用图来表示,把人用顶点表示,人与人的关系用红、蓝两色边表示:红边表示他们彼此相识,蓝边表示他们彼此不相识. 那么,在图中,3 个互相认识的朋友就会体现为一个红色的三角形,3 个互相不认识的陌生人就会体现为一个蓝色的三角形. 我们的答案是 6 人之中必然有 3 人是相识的或 3 人是陌生的. 这就是著名的 Ramsey 数问题,我们将在第 8 章详细讨论.

2. 图与网络的应用

上述问题所涉及的图是由顶点和边组成的二元集,事实上任何包含某种二元关系的系统都可以用图来描述. 当需要表示两个顶点之间的线路的长度时,我们采取在边上标上数字的方式表示线路的长短,这个数字称为权,由此得到的图称为赋权图,即网络. 网络科学和计算机科学中往往把图也称为网络.

图的这种结构有很多有价值的功能,它有助于使问题形象化,使我们更好地理解和分析问题,找到解决问题的方法. 现实世界中有很多图与网络的应用,例如交通网络、生物网络、贸易网络等. 化学中的化学图论、物理学中的电网络等,在计算机及软件中的应用无处不在;

此外在信息科学、生命科学、交通、通信、经济管理、社会科学等众多领域，图都是重要的研究工具. 特别地，在集成电路产业的源头：芯片设计中，将电子元器件作为顶点，连接关系作为边，一个电路对应一个图. 芯片设计所依赖的软件是EDA (electronic design automation) 工具，它的研制涉及图论、算法、组合优化等离散数学领域，特别是电路划分、版图规划、布局、布线环节等涉及许多图论问题.

图模型在生物信息学中有许多应用. 生物信息学主要研究生物医学数据的处理与挖掘，其中涉及大量序列、网络等离散数据，例如 DNA/RNA/ 蛋白质序列、调控网络、代谢网络等，使得图模型在刻画生物信息学问题上有天然的优势. 同时，缘于生命组织中大量存在的优化原理，从生物数据中挖掘规律和信息通常可以归纳为优化问题，而图也是刻画和解决组合优化问题的理想载体. 例如，在基因组和转录组的拼接问题中，就用到了诸如 Euler 路、deBruijn (德布鲁因) 图等图模型来建立测序片段之间的联系[11,29,43,78]. 另外，在生物信息学的经典模体识别问题中，也经常用到比如图的稠密子图、二部图、最小生成树等模型，并运用相应的图算法来解决问题[38,41,47].

让我们大展宏“图”吧！

第1章 图与网络的概念与性质

本章内容

§1.1 图与网络的基本概念

图;图的同构;有向图;竞赛图;网络

§1.2 子图与距离

子图与子网络;路与圈;直径、半径与中心点

§1.3 连通

连通与连通分支;割点、割边与 S-割;有向图的连通

§1.4 二部图

多部图与二部图的定义;二部图的充要条件

§1.5 图与网络的矩阵表示

无向图的矩阵表示;有向图的矩阵表示;网络的矩阵表示

§1.6 算法简介

算法相关概念;图扫描算法(graph scanning algorithm)

知识拓展

习题1

§1.1　图与网络的基本概念

现实世界的许多关系可以用一组点和连接这些点的线组成的图形来描述. 例如,点可以代表人,用线连接成对的朋友;或点代表通信站点,用线表示通信连接. 这些问题用数学语言抽象出来就产生了图的概念.

1. 图

图是一个二元组 $G=(V(G),E(G))$,这里 $V(G)$ 称为 G 的**顶点集**,其中的元素称为**顶点**(vertex);$E(G)$ 是由 $V(G)$ 中的元素组成的某些无序对的集合,称为 G 的**边集**,其中的元素称为**边**(edge). 为简便起见,在不引起混淆的前提下,图常记为 $G=(V,E)$. 点数 $|V|$ 称为图 G 的**阶**(order),通常用 n 表示;边数 $|E|$ 用 m 表示.

一般地,我们可以把图画在平面上,顶点用平面上的点表示,边用连接点的线(直的或曲的)来表示,这样的平面图形称为图的图示. 用图示表示"图"这个抽象的数学概念,使图的结构形象化,从而能比较直观地理解图的许多概念和性质.

我们首先给出图的最基本的概念. 设 $G=(V,E)$ 是一个图,对于 G 中的点 v 和边 e,如果 $v\in e$,则称 v 与 e **关联**(incident),关联同一条边的两个顶点称为 e 的**端点**. 如果 u,v 为 e 的端点,也称边 e **连接**顶点 u 和 v,记为 $e=uv$,并称 u 和 v **相邻**(adjacent),此时称 u 为 v 的**邻点**,v 为 u 的邻点. 如果两条边有一个公共端点,则称这两条边是相邻的. 有相同端点的两条边称为**重边**,两端点重合的边称为**环边**. 既无环边也无重边的图称为**简单图**(simple graph).

例如,图 $G=(V,E)$ 如图 1.1 所示,其中 $V=\{v_1,v_2,\cdots,v_8\}$, $E=\{e_1,e_2,\cdots,e_9\}$. 则顶点 v_1 与边 e_1,e_2 关联;顶点 v_2 与边 e_2,e_3,e_4,e_5 均关联,顶点 v_2 与顶点 v_1,v_3,v_5,v_6 均相邻,从而这四个顶点都是 v_2 的邻点;顶点 v_7 只有一个邻点 v_5;顶点 v_8 不与任何顶点相邻,从而没有邻点,我们通常称这样的顶点为孤立点. 这个图中没有端点重合的边,也不存在有相同端点的两条边,所以它既无环边也无重边,从而图 G 是简单图.

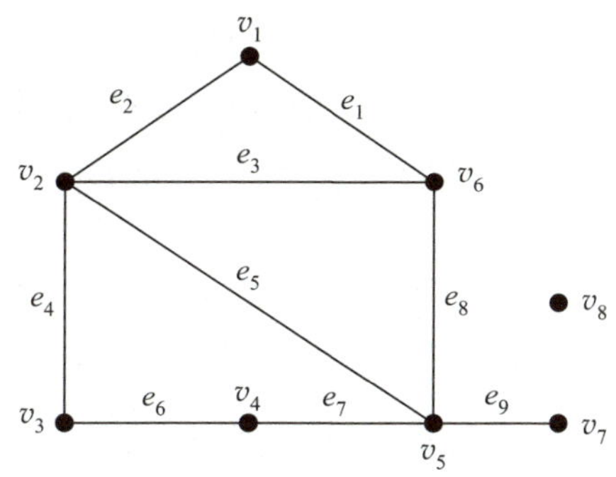

图 1.1　图 $G=(V,E)$

任意两顶点之间都有一条边的简单图称为**完全图**(complete graph),n 阶完全图记为 K_n,如图 1.2 (a) 为五个顶点的完全图. 图 G 的**补图**(complement) 记为 $\overline{G}$,是以 $V(G)$ 为顶点集,以所有不在 G 中的边组成的集合为边集的图,如图 1.2 (b),(c). 边集为空的图称为**空图**,只有一个顶点的空图称为**平凡图**. 顶点数和边数都有限的图称为有限图. 如无特别说明,本书研究的图都是简单有限图.

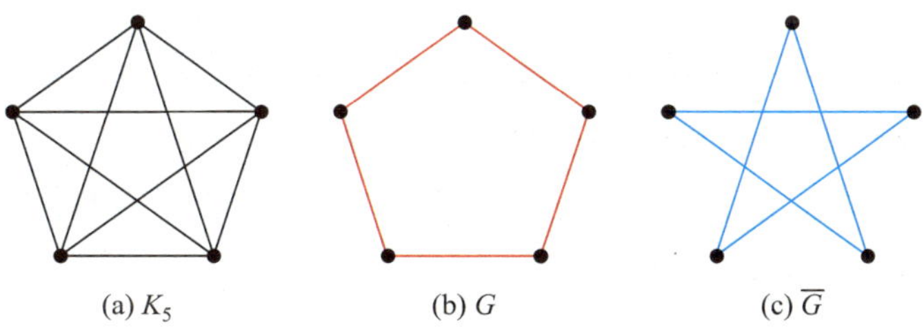

图 1.2　完全图 K_5、图 G 和补图 $\overline{G}$

思考题 1-1　完全图 K_n 有多少条边?

对图 G 中的顶点 v,与 v 相邻的顶点的集合称为 v 的**邻集**(neighborhood),记为 $N_G(v)$;顶点 v 的邻集的顶点数称为 v 的**度**(degree),记为 $d_G(v)$. 从定义不难看出,对于简单图来说,v 的度也是它所关联的边数. 在不引起混淆的前提下,v 的邻集和 v 的度分别简记为 $N(v)$ 和 $d(v)$. 更进一步地,我们用 $\Delta(G)$ 表示图 G 的**最大度**,它是 G 中所有顶点的度的最大值;同理,用 $\delta(G)$ 表示图 G 的**最小度**,它是 G 中所有顶点的度的最小值,即

$$\Delta(G)=\max\{d_G(v)\mid v\in V(G)\},\ \delta(G)=\min\{d_G(v)\mid v\in V(G)\}.$$

例如,在图 1.1 中,我们看到 $N(v_1)=\{v_2,v_6\}$,$N(v_2)=\{v_1,v_3,v_5,v_6\}$,

$N(v_7)=\{v_5\}, N(v_8)=\varnothing$. 从而 $d(v_1)=2, d(v_2)=4, d(v_7)=1, d(v_8)=0$.

现在我们给出正则图的概念. 各个顶点的度都相等的图称为**正则图**(regular graph). 每个顶点的度都等于 k 的图称为 k-**正则图**,这里 k 是一个正整数.

注　社会网络是网络科学的术语,它是一种特殊的图,其中顶点表示人或者人群,称为参与者,边表示参与者之间的关系,比如朋友关系、同学关系等. 例如,QQ、微信等都是大家熟知的在线社会网络平台. 在这类图中,度比较大的顶点(参与者)表示与其他人联系频繁,更具有影响力、更容易获得信息,也更有威望,因而是重要的或核心的,这种现象称为度中心性,受到了很大的关注.

由顶点度的定义可见,当我们把图中所有顶点的度求和时,每条边都计算了两次,即每条边对顶点度数总和的贡献为 2,这就产生了如下著名的握手定理,它也被称为图论第一定理.

定理 1.1(握手定理)　对任何图 G,其各顶点度数之和等于边数的 2 倍.

握手定理用数学语言可表示为:设图 $G=(V,E)$ 的顶点集 $V=\{v_1, v_2, \cdots, v_n\}$,边数为 m,则 $d(v_1)+d(v_2)+\cdots+d(v_n)=2m$.

如果一个顶点的度为奇数,则称之为奇度顶点;同样的,如果这个顶点的度为偶数,则称它为偶度顶点.

推论 1.1　任何图中,奇度顶点的个数都是偶数(包括 0).

证明　设图 G 中有 k 个奇度顶点,不妨设这些顶点为 $v_1, v_2, \cdots, v_k$,而 $v_{k+1}, v_{k+2}, \cdots, v_n$ 为偶度顶点,则由定理 1.1 得

$$\sum_{i=1}^{k} d(v_i)+\sum_{i=k+1}^{n} d(v_i)=2m,$$

即

$$\sum_{i=1}^{k} d(v_i)=2m-\sum_{i=k+1}^{n} d(v_i).$$

此式右端为偶数,而左端为 k 个奇数之和,因此 k 必定为偶数,证毕. ■

注　从上面的推论可立即得出这样一个有趣的结论:在一次聚会中,握过奇数次手的人数必定为偶数.

互不相邻的顶点或边被称为**独立**的. 更正式地,如果一个顶点集或

边集没有任何两个元素是相邻的，则该集合称为是独立的. 这样的顶点集简称为**独立集**（independent set），也称为**稳定集**（stable set）；这样的边集称为**匹配**（matching）.

2. 图的同构

简单说来，如果两个图 G 和 G' 有相同的结构，那么称这两个图是**同构的**（isomorphic）.

图 1.3 给出了完全图 K_4 的三种画法. 从数学上看，**同构的两个图，其顶点间可建立一一对应，边之间也能建立一一对应，且邻接关系保持一致，即若一个图的两顶点间有边，则在另一个图中对应的两顶点之间也有边**. 严格的数学定义如下：

设 $G=(V,E)$ 和 $G'=(V',E')$ 是两个图，若存在一个双射 $\varphi: V \to V'$ 使得对所有 $u,v \in V$，均有

$$uv \in E \Leftrightarrow \varphi(u)\varphi(v) \in E',$$

则称 G 和 G' 是同构的.

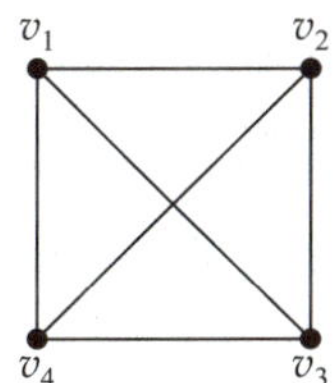

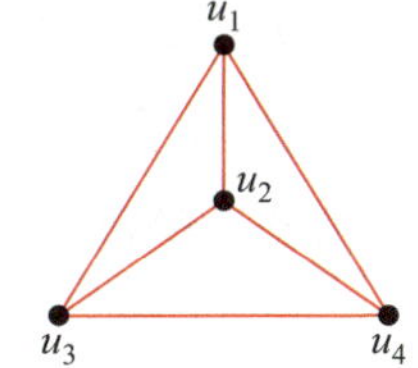

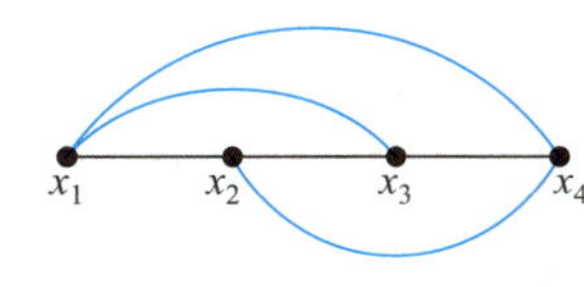

图 1.3 完全图 K_4 的三种画法

两个同构的图具有相同的结构，差别仅可能是顶点和边的名称不同，或画法不同. 由于人们关心的是图的结构，因此通常将所有同构的图看成是同一个图，而不在乎它们顶点和边的名称以及图示画法. 图 1.4 给出了 Petersen（彼得森）图的三种画法. **Petersen 图**的结构简单而有代表性，在图论书籍中常作为例子或反例出现，也常作为标志出现在各种图论书籍、杂志、会议通知上，为广大图论学者熟悉和喜爱.

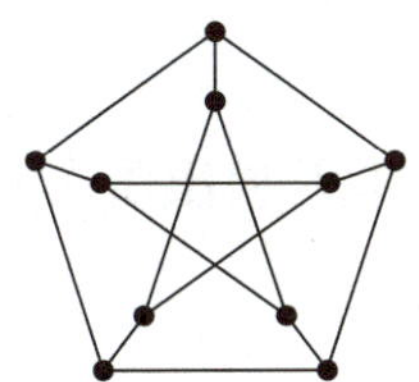
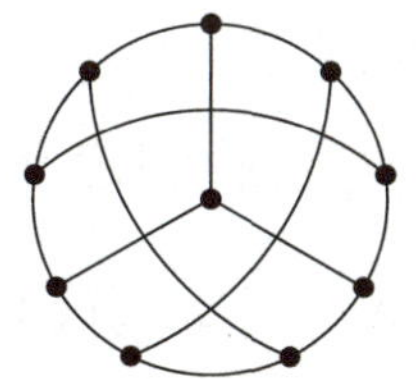
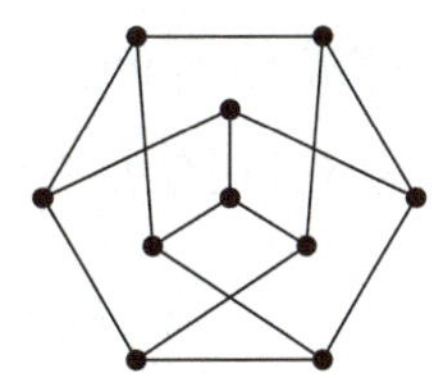

图 1.4 Petersen 图的三种画法

Petersen 和 Petersen 图的故事

Petersen 是丹麦哥本哈根大学的数学教授. 1891 年,Petersen 发表了一篇长达 28 页的论文,奠定了他在图论历史中的地位. 这篇文章被公认是第一篇包含图论基本结论的文章,同时也是第一次在文章中使用“图”这一术语. 1898 年,Petersen 又发表了一篇只有 3 页的论文,其中为了举反例而构造了著名的 Petersen 图.

Petersen 和 Petersen 图的故事

对于两图同构的判断,目前尚无简单的方法,特别是当顶点数较大时是很困难的问题. 但是判断两个图是否同构可以先考虑以下条件:**首先**,它们的阶必须相等,边数必须相等;**其次**,要保持顶点的度一致,即在同构映射下相对应的顶点必须有相同的度. 图的同构不仅是理论研究的重要课题,而且有重要的应用价值.

3. 有向图

每条边都有一个方向的图称为**有向图**(directed graph 或 digraph). 严格来说,一个有向图 $D=(V(D),A(D))$ 由非空的顶点集 $V(D)$ 和弧集 $A(D)$ 构成,简记为 $D=(V,A)$,其中 V 的元素称为顶点,弧集 A 是 V 中的元素组成的某些有序对的集合,A 中的元素称为**弧**(arc),它实际上是有方向的边.

弧 (u,v) 的第一个顶点 u 称为弧的**尾**(tail),第二个顶点 v 称为弧的**头**(head),也称 u **控制** v(或 v 被 u 控制),并称顶点 u 和顶点 v **相邻**,u,v 与这条弧**关联**. 为简便起见,我们常把弧 (u,v) 记为 uv.

与有向图这个概念相对应,前面考虑的图称为无向图. 与无向图一样,在本书中有向图 D 的顶点数称为它的**阶**,用 n 表示,弧数用 m 表示. 若两条弧有相同的头和尾,则称它们是**平行弧**;若一条弧的头和尾是同一个顶点,则称这条弧是环. 没有平行弧和环的有向图称为**简单有向图**,如果无特别说明,本书中的有向图都是简单有向图,为了方便起见,我们仍然称简单有向图为有向图.

设 v 是有向图 D 的一个顶点,我们定义其**出邻集**和**出度**分别为

$$N_D^+(v)=\{x|vx\in A\},\ d_D^+(v)=\left|N_D^+(v)\right|,$$

在没有混淆的前提下,它们可以分别简写为 $N^+(v)$, $d^+(v)$. 同理可以定

义 v 的**入邻集**和**入度**为

$$N_D^-(v)=\{x|xv\in A\}\ ,\ d_D^-(v)=|N^-(v)|\ ,$$

简记为 $N^-(v),d^-(v)$.

顶点 v 的出度与入度之和称为 v 的**度**,记为 $d(v)$,即 $d(v)=d^+(v)+d^-(v)$.

例 1.1　设 $D=(V,A)$ 如图 1.5 所示,其中顶点集 $V=\{v_1,v_2,\cdots,v_8\}$,弧集 $A=\{a_1,a_2,\cdots,a_{11}\}$. 分别写出 v_1,v_2 两顶点的出邻集和入邻集,以及 v_3 的出度、入度和度.

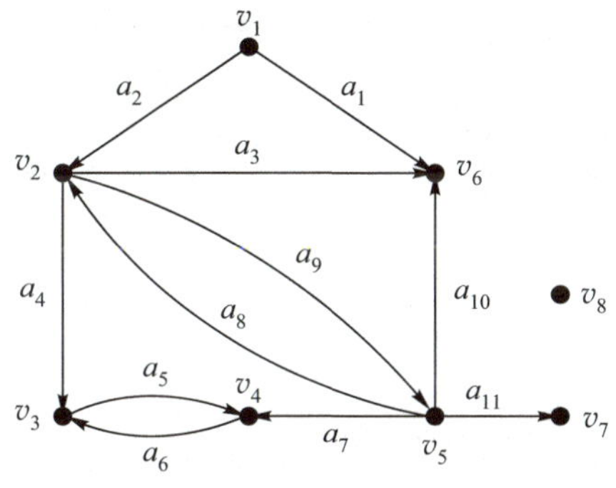

图 1.5　有向图 D

解　易见 $N^+(v_1)=\{v_2,v_6\}$, $N^-(v_1)=\varnothing$. 同理可得

$$N^+(v_2)=\{v_3,v_5,v_6\}\ ,\ N^-(v_2)=\{v_1,v_5\}\ .$$

最后,$d^+(v_3)=1$, $d^-(v_3)=2$,从而 $d(v_3)=3$.

关于有向图的度,我们还有如下定义.

最小出度:$\delta^+(D)=\min\{d^+(v)|v\in V(D)\}$;

最小入度:$\delta^-(D)=\min\{d^-(v)|v\in V(D)\}$;

最大出度:$\Delta^+(D)=\max\{d^+(v)|v\in V(D)\}$;

最大入度:$\Delta^-(D)=\max\{d^-(v)|v\in V(D)\}$.

对于一个有向图来说,因为它的弧数与它的头的数目相等,也与它的尾的数目相等,于是我们得到如下的结论,这是图论第一定理的有向图版本.

定理 1.2　对于任何有向图 D,都有 $\sum\limits_{v\in V(D)} d(v)=2m$,且

$$\sum_{v\in V(D)} d^{+}(v) = \sum_{v\in V(D)} d^{-}(v) = m.$$

给定一个无向图 G,给它的每条边确定一个方向,便可得到一个有向图,这个有向图称为 G 的一个**定向图**(oriented graph)(如图 1.6). 对于简单有向图 D,如果我们把弧的方向去掉,就得到一个无向图,而 D 中两个顶点之间的双向弧,对应无向图中的两条平行边. 如果对于所有这样的平行边,我们都删掉其中的一条,则得到一个简单图,称之为 D 的**底图**.

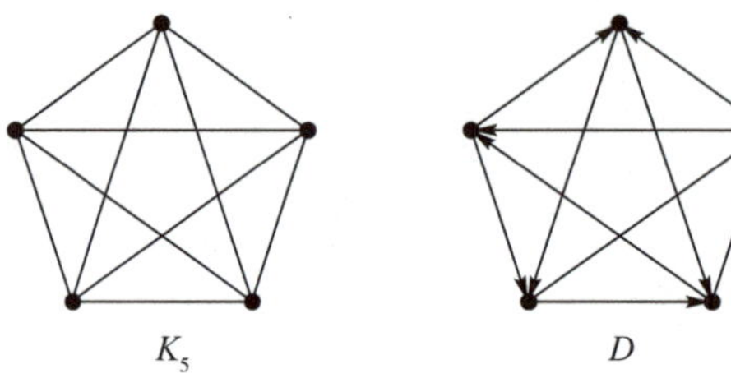

图 1.6　无向图 K_5 与其定向图 D

思考题 1-2　图 1.5 所示有向图 D 的最大入度是多少?

4. 竞赛图

设在若干选手间进行的循环赛中,任意两选手之间都会进行一场比赛,每场比赛都要决出胜负,不允许出现平局. 如果以选手作为顶点,选手 u 胜了选手 v,则由 u 向 v 连一条弧,由此可获得完全图的一个定向图,这样的有向图称为竞赛图. 换句话说,如果一个有向图的任意两个顶点之间恰有一条弧,则这个有向图称为**竞赛图**(tournament),图 1.6 中 D 即为 5 个顶点的竞赛图.

在有向图 D 中,如果对任意的 $uv, vw\in A(D)$,总有 $uw\in A(D)$,则称 D 是**传递的**(transitive). 如图 1.7 中 (a) 是传递的,但 (b) 不是传递的.

图 1.7　传递和非传递的有向图

5. 网络

对(无向的或有向的)图的每条边(弧)赋以一个实数 w,称为它的**权**,就得到一个**赋权图**,称为**网络**(如图 1.8),用 $N=(V,E,W)$ 表示. 权在不同的问题中会有不同的含义,比如在交通网络中,权可以表示距离、时间、运输费用等.

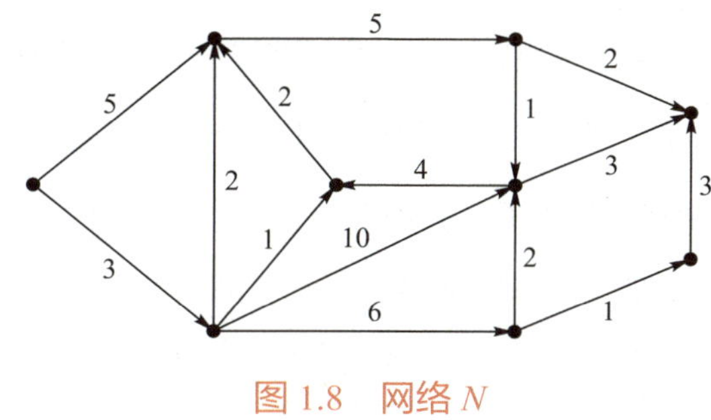

图 1.8 网络 N

注 有的书上也称图为网络. 特别地,在网络科学中,图被统称为网络. 本书前九章中的网络指的是赋权图. 网络分为有向网络和无向网络.

§1.2 子图与距离

在图论研究及应用中,人们往往对一个给定的图是否含有具有指定结构或性质的子图感兴趣,其中路与圈是图论中最基本的结构,本节还将介绍直径、半径和中心点的相关内容.

1. 子图与子网络

对于图 $G=(V,E)$ 和 $G'=(V',E')$,如果 $V'\subseteq V$ 且 $E'\subseteq E$,则称图 G' 是图 G 的**子图**(subgraph),记作 $G'\subseteq G$. 若 $G'\subseteq G$ 且 $V'=V$,则 G' 是 G 的**支撑子图**,也称为**生成子图**(spanning subgraph).

如果 $G'\subseteq G$,以 V' 为顶点集,以 G 中两端点均属于 V' 的所有边作为边集所组成的子图,称为 G 的由顶点集 V' 导出的子图,记作 $G[V']$,简称为 G 的**点导出子图**(induced subgraph). 同理我们可以定义边导出

子图 $G[E']$：如果 $G'\subseteq G$，以 E' 为边集，以 E' 中边的所有端点作为顶点集所组成的子图，称为 G 的由边集 E' 导出的子图，简称为 G 的**边导出子图**（edge induced subgraph）. 我们用 $G-G'$ 表示从 G 中删除 V' 的所有顶点以及相关联的边而得到的图，也记作 $G-V'$；同理用 $G-E(G')$ 表示从 G 中删除 G' 的所有边（但不删除 G' 中边的端点）而得到的图.

进一步地，我们定义 G 和 G' 的**交**（intersection）和**并**（union）分别为

$$G\cap G'=(V\cap V',E\cap E');G\cup G'=(V\cup V',E\cup E').$$

如果 $V\cap V'=\varnothing$，则称 G 和 G' 是**不交**的. 假设 u 和 v 是 G 中不相邻的两个顶点，我们把 G 加上一条新边 $e=uv$ 得到的图记为 $G+e$ 或 $G+uv$.

例如，图 1.9 中的 (a)、(b) 和 (c) 分别是图 1.1 的子图、点导出子图和支撑子图.

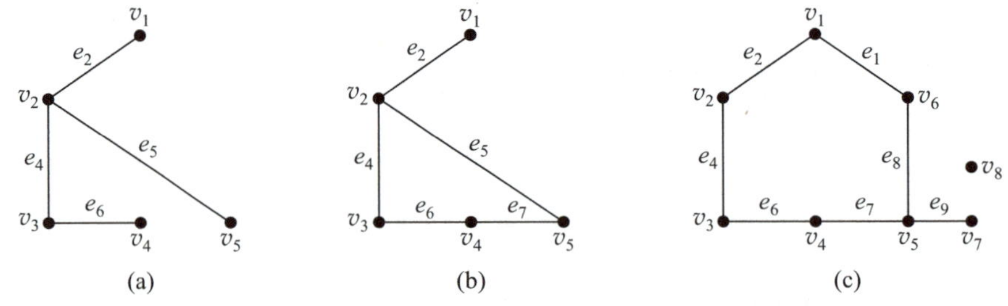

图 1.9　图 1.1 的子图、点导出子图和支撑子图

例 1.2　给定图 G 如图 1.1 所示，G' 如图 1.10 所示，求 $G\cap G'$，$G\cup G'$ 和 $G-G'$.

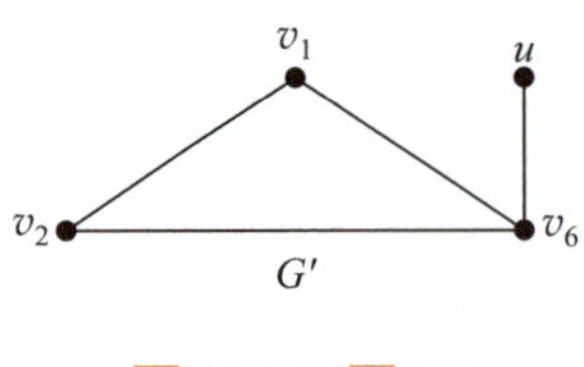

图 1.10　图 G'

解　根据定义，我们可得 $G\cap G'$，$G\cup G'$ 和 $G-G'$ 如图 1.11 所示.

最后我们用两个不交的图 G 和 G' 来构造一个新图：在 G 和 G' 之间加上一些边，使得 G 中的每个顶点都与 G' 的每个顶点相连，这样得到的新图称为 G 和 G' 的**连**（join），记为 $G\vee G'$.

对于有向图，只需把图换成“有向图”，就可以得到有向图中诸如有

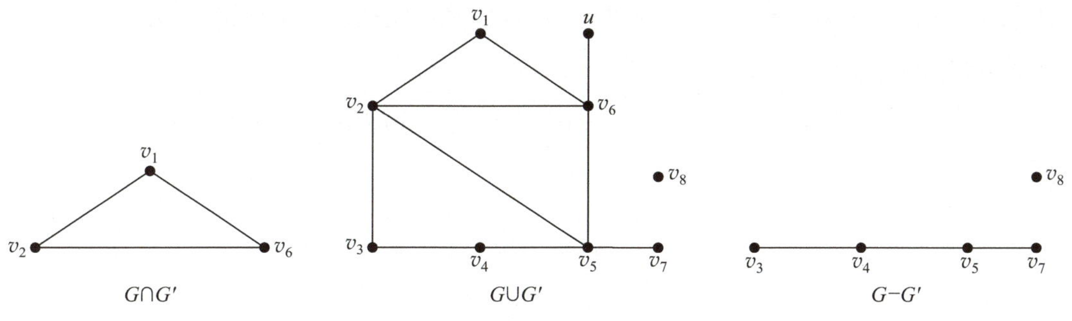

图 1.11 图 $G\cap G'$, $G\cup G'$ 和 $G-G'$

向子图等相关概念. 为简便起见,我们往往把它们前面的"有向"二字省略,而仍然称为子图、支撑子图、导出子图等.

下面我们给出网络中子网络的相关概念. 给定网络 $N=(V,E,W)$ 和 $N'=(V',E',W')$,如果它们对应的图 $G=(V,E)$ 和 $G'=(V',E')$ 满足 $G'\subseteq G$, $W'\subseteq W$ 则称网络 N' 是 N 的子网络,记作 $N'\subseteq N$. 同理可以定义支撑子网络、点导出子网络、边导出子网络等,以及两个网络的交、并和连.

2. 路与圈

图 G 中一个点边交替出现的序列 $w=v_1e_1v_2e_2\cdots e_{k-1}v_k$ 称为图 G 的一条**途径**(walk),其中 v_1, v_k 分别称为途径 w 的起点和终点,w 上其余顶点称为中途点. 如果 $v_1=v_k$,即起点和终点相同,则称 w 为**闭途径**. 边不重复出现的途径称为**迹**(trail),起点和终点相同的迹称为**闭迹**. 顶点不重复出现的迹称为**路**(path),起点和终点相同的路称为**圈**(cycle). 对于简单图来说,由于两个顶点之间至多有一条边,因此我们可以只用顶点来表示一条途径、迹、路或圈,而不必列出它们所经过的边. 因此简单图中的上述序列 w 可记为 $v_1v_2\cdots v_k$,称为 (v_1,v_k)–**途径**(**迹、路**).

在本书中,途径、迹、路和圈上所含的边数称为它们的**长度**;两顶点之间长度最小的路称为**最短路**(shortest path). 图中两个顶点 u,v 之间的**距离**(distance)定义为最短 (u,v)–路的长度,记为 $d(u,v)$,即如果 P 是一条最短 (u,v)–路,则 $d(u,v)=|P|-1$;如果这样的路不存在,则令 $d(u,v)=\infty$. 特别地,如果无特别说明,本书均用 C_r 和 P_r 分别表示点数为 r 的圈和路,即 C_r 的长度为 r,而 P_r 的长度为 $r-1$.

图 G 中最短圈的长度称为 G 的**围长**(girth),最长圈的长度称为 G

的**周长**(circumference). 更进一步地,图中长度为奇数和偶数的圈分别称为**奇圈**和**偶圈**.

例如图 1.12 中,图 G 包含途径 $abehgeb$、迹 $bdefdca$,以及路 $adgf$ 和奇圈 $defd$.

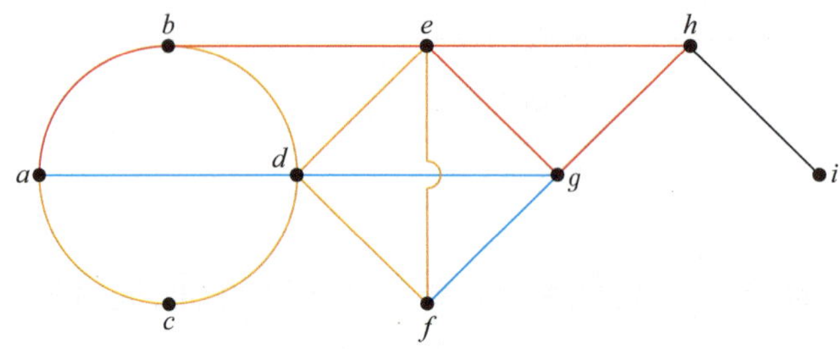

图 1.12　图 G 的途径、迹、路与圈

在给出了圈的概念后,我们可以定义由圈得到的另一个常见的图:图 $C_r \vee K_1$ 是顶点数为 r 的圈与一个顶点的连,称为**轮**(wheel),记为 W_r. 显然 W_r 是有 $r+1$ 个顶点的图,其中度为 r 的顶点称为**中心**,图 1.13 所示的是 W_4.

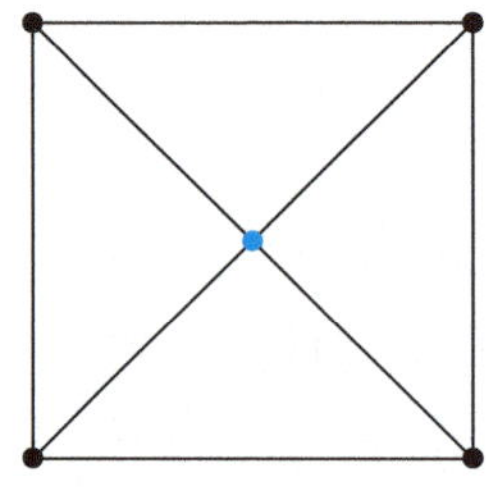

图 1.13　轮 W_4

定理 1.3　设 G 是一个最小度 $\delta(G)=s$ 的简单图,其中 $s\geqslant 2$,那么 G 中必含有长至少为 $s+1$ 的圈. 特别地,若最小度 $\delta(G)\geqslant 2$,则 G 必含圈;若最小度 $\delta(G)\geqslant 3$,则 G 必含偶圈.

证明　设 G 中的最长路,即 G 中边数最多的路,为 $P=v_1v_2\cdots v_k$,则顶点 v_1 的邻点都在 P 上(否则将得到比 P 更长的路). 设 v_j 是路 P 上与 v_1 距离最远的顶点,那么由于 $d(v_1)\geqslant s$,我们得出$d,v,s,j\geqslant s+1$. 于是我们得到长至少为 $s+1$ 的圈 $v_1v_2\cdots v_jv_1$,如图 1.14 (a).

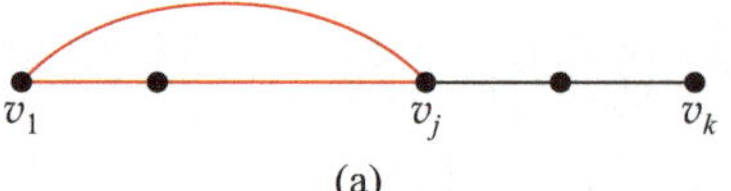

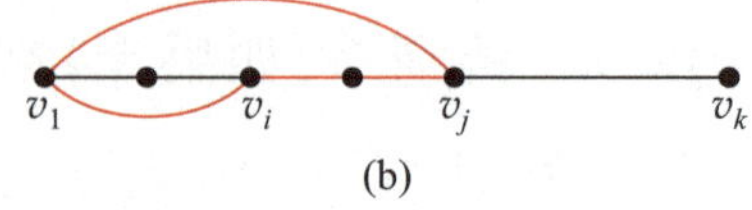

图 1.14　路 P

令 $s=2$,易见最小度 $\delta(G)\geqslant 2$,则 G 必含圈.

如果 $s\geqslant 3$,设 v_i,v_j 是 v_1 的除 v_2 之外的另外两个邻点. 如果 i,j 中有一个是偶数,不妨设为 i,则我们得到偶圈 $v_1v_2\cdots v_iv_1$,结论成立;否则 i, j 都是奇数,那么我们得到偶圈 $v_1v_iv_{i+1}\cdots v_jv_1$,如图 1.14 (b),证毕. ■

同样,对于有向图我们也有下列定义. 有向图的一条**有向途径**是指一个序列 $w=v_1a_1v_2\cdots a_{k-1}v_k$,其中各项交替的是顶点和弧,使得 $a_i=v_iv_{i+1}$ $(i=1,2,\cdots,k-1)$. 弧不重复的有向途径称为**有向迹**;顶点不重复的有向途径称为**有向路**;首尾相接的有向路称为**有向圈**. 在不引起混淆的前提下,为方便起见,上述有向图的概念都省略"有向",即简称途径、迹、路和圈. 同理,在有向图中也可以定义围长、周长、奇圈和偶圈.

如果有向图的底图中有长的路,则该有向图中就有长的有向路吗? 答案是否定的. 例如,图 1.15 所示的有向图 D 中最长有向路的长为 1,但其底图的最长路的长为 6.

图 1.15 有向图 D

> 思考题 1-3 你能证明如果有向图 D 的最小出度 $\delta^+(D)\geqslant 1$,则 D 包含圈吗?

3. 直径、半径与中心点

我们已经定义了图 G 中两个顶点 u,v 之间的距离 $d(u,v)$ 为 G 中最短 (u,v)-路的长度. 更进一步地,我们定义 G 的**直径** (diameter) 为 G 中所有顶点对之间距离的最大值,记为 $\mathrm{diam}(G)$. 图 G 的**中心点** (central vertex) 是指能使得它到其他顶点的距离尽可能小的顶点,这个距离称为**半径** (radius),记作 $\mathrm{rad}(G)$. 即

$$\mathrm{diam}(G)=\max_{u\in V(G)}\max_{v\in V(G)} d(u,v)\,;\quad \mathrm{rad}(G)=\min_{u\in V(G)}\max_{v\in V(G)} d(u,v).$$

不难验证 $\mathrm{rad}(G)\leqslant\mathrm{diam}(G)\leqslant 2\mathrm{rad}(G)$.

例 1.3 求图 1.16 (a) 中图 G 的直径、半径和中心点.

解 由定义可得,图 G 的直径为 6,最长路是 (v_6,v_{11}) - 路;半径为 3;中心点为 v_3,如图 1.16 (b).

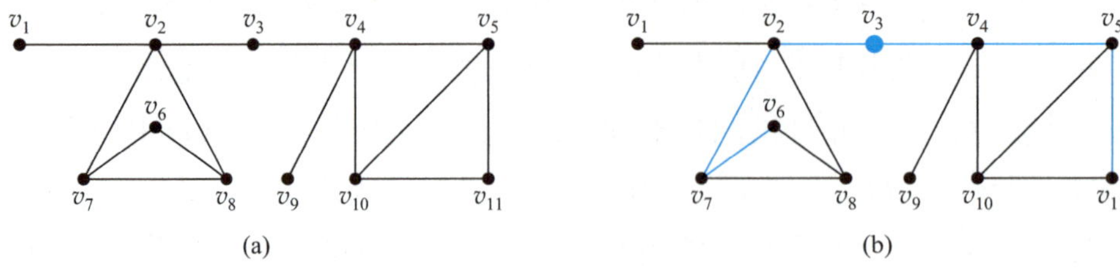

图 1.16 图 G

注 对于规模较大的图,可以用算法来求解直径、半径以及中心点. 事实上,求给定图的中心点是图论与网络优化的一个研究专题——选址问题的研究范畴. 选址问题在现实生活、物流,甚至军事中都有着十分广泛的应用,如物流中心、医疗中心、垃圾处理中心、消防站、工厂、武器仓库的选址等. 实际应用中的多个中心点问题以及各种给定条件下的中心点问题,都属于这个研究课题,感兴趣的读者可以参阅文献 [27].

§1.3 连通

1. 连通与连通分支

在图 G 中,如果 u,v 两顶点间存在路,则称两顶点 u,v 是**连通**的 (connected). 若图 G 中任意两顶点都连通,则称图 G 是**连通图**. 如果图 G 不连通,但其顶点集 V 可划分为若干非空子集 $V_1,V_2,\cdots,V_t$,使得两顶点属于同一子集当且仅当它们在 G 中连通,则称每个点导出子图 $G[V_i]$ 为图 G 的一个**连通分支** (component) $(i=1,2,\cdots,t)$. 图 G 的连通分支的个数 t 称为 G 的**连通分支数**. 例如图 1.17 的图 G 有两个连通分支.

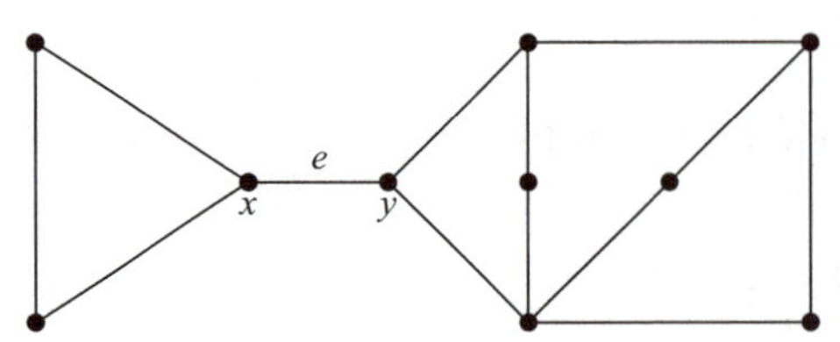

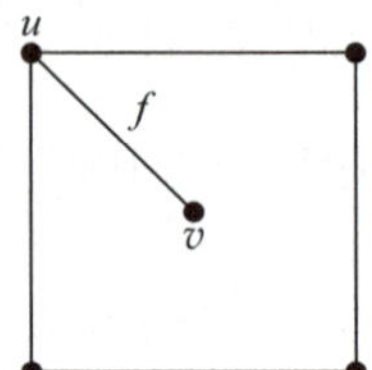

图 1.17 有两个连通分支的图 G

特别地,连通并且不含圈的图称为**树**.

注 (1) 图 G 的每个连通分支 F 是 G 的一个极大连通子图(即 F 是连通的,但是对 $G-F$ 的任意一个顶点 v, $G[F\cup\{v\}]$ 不再连通;

(2) 图 G 连通当且仅当其连通分支数为 1;

(3) 图 G 有支撑树当且仅当 G 是连通的.

2. 割点、割边与 S - 割

以下定义的割点和割边是关于连通的最基本的概念. 设 v 和 e 分别是图 G 的一个顶点和一条边,如果 $G-v$ 的连通分支数严格大于 G 的连通分支数,则称 v 是 G 的**割点**(cut vertex);同理如果从 G 中删掉 e,其连通分支数严格增加,则称 e 是 G 的**割边**(cut edge),也称为**桥**(bridge). 易见对连通图 G,顶点 v 是 G 的割点当且仅当 $G-v$ 不连通,边 e 是图 G 的割边当且仅当 e 不在 G 的任何圈中. 例如在图 1.17 中,顶点 x,y,u 都是割点,边 e,f 都是割边.

对于连通性,我们还有下面的定义. 如果 S,T 为 G 的两个不交的点子集,那么 $\{S,T\}$ - **割**是这样一些边的集合: $\{xy|x\in S, y\in T\}$. 特别地,令 $\overline{S}=V(G)\setminus S$ 表示 G 中不在 S 中的点的集合,则 $\{S,\overline{S}\}$ - 割称为 G 的 S - **割**(cut)(删去这些边后,G 的连通分支数严格增加). 同理可以定义有向图和网络的 $\{S,T\}$ - 割、有向图的割和网络的割,我们只需把“图”换成“有向图(边换成弧)”和“网络”,但是需要注意的是,对于有向图和有向网络中的割,其弧都是以 S 为尾.

3. 有向图的连通

类似的,我们可以定义有向图中的相关概念. 设 D 是一个有向图,若 D 的底图 G 是连通图,则称 D 是**弱连通的**. 若对 D 的任意两顶点 u,v,在 D 中要么存在有向 (u,v) - 路,要么存在有向 (v,u) - 路,则称 D 是**单连通的**;若对 D 的任意两顶点 u,v,在 D 中既存在有向 (u,v) - 路,又存在有向 (v,u) - 路,则称 D 是**强连通的**. 如图 1.18,其中 (a) 是强连通的,而 (b) 不是强连通的,也不是单连通的,但它是弱连通的.

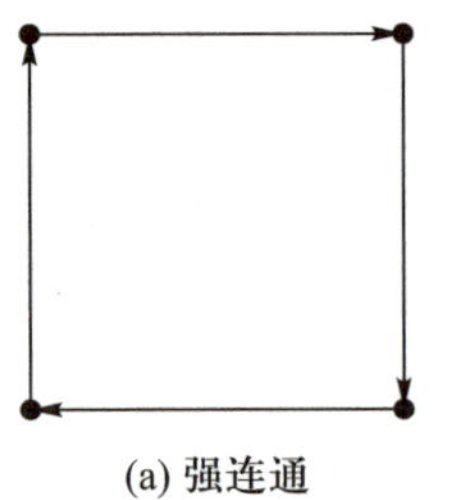
(a) 强连通

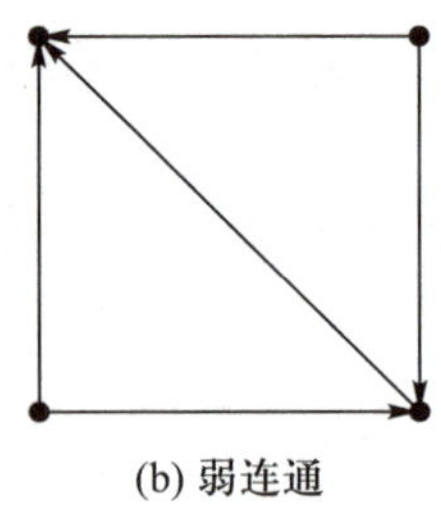
(b) 弱连通

图 1.18　有向图的连通

思考题 1－4　你能说出有向图的弱连通、单连通、强连通三者之间的关系吗?

§1.4　二部图

1. 多部图与二部图的定义

我们首先定义多部图. 设 $r\geqslant 2$ 是一个整数,对于图 $G=(V,E)$,如果 V 可以划分为 r 个部分,使得任意一条边的端点都属于不同的部分(即同一部分的顶点不相邻),则称 G 为 **r－部图**(r－partite graph),其中的每一部分称为它的**部集**;如果任意两个部集的顶点数都相等,则称之为**平衡 r－部图**;若 r－部图中,不同部集中任意两个顶点均相邻,则称之为**完全 r－部图**. 所有的 r－部图被统称为**多部图**. 特别地,2－部图称为**二部图**或**二分图**(bipartite graph),记为 $G=(X,Y)$;若 $|X|=s$,$|Y|=t$,则记完全二部图为 $K_{s,t}$. 图 1.19 所示的为完全二部图 $K_{3,3}$. 图 $K_{1,t}$ 也称作**星**(star),其中度为 t 的顶点称为中心,如图 1.20.

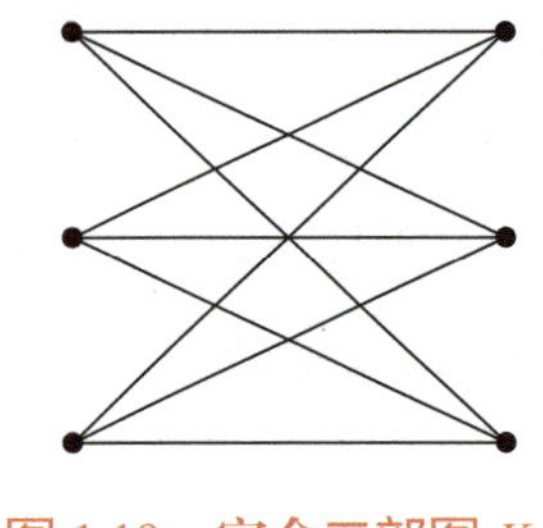
图 1.19　完全二部图 $K_{3,3}$

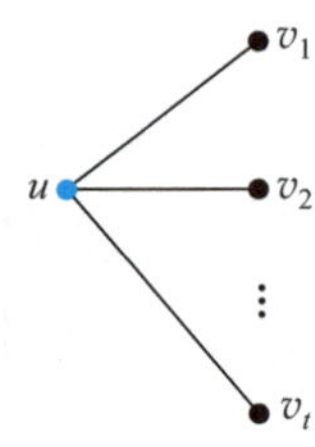

图 1.20　星 $K_{1,t}$

思考题 1–5　如果图 G 为树，那么它是不是二部图？

2. 二部图的充要条件

显然，任意一个二部图不能包含奇圈，那么不含奇圈的图是否就是二部图？下面的定理表明答案是肯定的.

定理 1.4（二部图的充要条件）　一个图是二部图当且仅当它不含奇圈.

证明　只需证明充分性. 不妨设 G 为非平凡的连通图，它不含有奇圈（如果 G 是不连通的，下面将看到它的每一个分支是二部图，因此 G 也是二部图），我们将证明 G 是二部图. 对于 G 的一个顶点 u，令

定理 1.4 的证明

$$U=\{x\in V(G)|d(u,x)\text{ 是偶数}\},$$
$$W=\{x\in V(G)|d(u,x)\text{ 是奇数}\}.$$

因此，$u\in U$（因为 $d(u,u)=0$）.

如果没有边连接 U 的两个顶点，并且没有边连接 W 的两个顶点，那么 G 是二部图. 假若不然，不妨设在 W 中有一条边连接其中的两个顶点 x,y，并设 $d(u,x)=a$，$d(u,y)=b$，那么 G 中存在长度为 a 的 (u,x) – 路 P，以及长度为 b 的 (u,y) – 路 P'（如图 1.21）. 令 z 是既在 P 上又在 P' 上的最后一个顶点，这里 z 也可能是 u，并令 $d(u,z)=c$. 由 W 的定义知，a 和 b 都是奇数，那么由 P 中的子路 (z,x) – 路，P' 中的子路 (z,y) – 路以及边 xy 构成的圈 C 的长度是

$$(a-c)+(b-c)+1=(a+b+1)-2c\ .$$

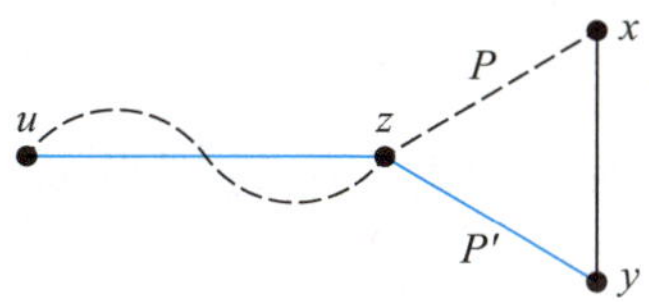

图 1.21　二部图的奇圈

显然圈 C 的长度是奇数，这与 G 没有奇圈的事实矛盾. 注意如果 x,y 都在 U 中，因为 a 和 b 都是偶数，我们同样可得到矛盾，证毕. ■

注 二部图是非常重要的图类，许多实际问题都可以用二部图表示，如人员分配问题、排课表问题、生物信息学中药物对疾病的作用等，我们将在后续的章节中进一步研究它的性质.

§1.5 图与网络的矩阵表示

对于给定的图，虽然把它画出来是一种方便直观的表达方式，但这不适合在计算机中存储或使用代数方法研究它们的性质，所以我们介绍两种矩阵：关联矩阵和邻接矩阵，这是图的代数表示. 本书给出无向图、有向图和网络的这两种矩阵表示.

1. 无向图的矩阵表示

设图 $G=(V,E)$，其中 $V=\{v_1,v_2,\cdots,v_n\}$，$E=\{e_1,e_2,\cdots,e_m\}$. 图 G 的关联矩阵表示顶点与边的关联关系，是一个 $n\times m$ 矩阵；邻接矩阵表示顶点与顶点的邻接关系，是一个 $n\times n$ 矩阵，下面我们将给出它们的定义.

关联矩阵 M_G，其中 b_{ij} 表示顶点 v_i 与边 e_j 关联的次数：

$$M_G=\begin{array}{c} \\ v_1 \\ v_2 \\ \vdots \\ v_n \end{array}\begin{array}{c} \begin{array}{cccc} e_1 & e_2 & \cdots & e_m \end{array} \\ \begin{pmatrix} b_{11} & b_{12} & \cdots & b_{1m} \\ b_{21} & b_{22} & \cdots & b_{2m} \\ \vdots & \vdots & & \vdots \\ b_{n1} & b_{n2} & \cdots & b_{nm} \end{pmatrix} \end{array}.$$

邻接矩阵 A_G，其中 a_{ij} 表示顶点 v_i 与顶点 v_j 相邻的次数：

$$A_G=\begin{array}{c} \\ v_1 \\ v_2 \\ \vdots \\ v_n \end{array}\begin{array}{c} \begin{array}{cccc} v_1 & v_2 & \cdots & v_n \end{array} \\ \begin{pmatrix} a_{11} & a_{12} & \cdots & a_{1n} \\ a_{21} & a_{22} & \cdots & a_{2n} \\ \vdots & \vdots & & \vdots \\ a_{n1} & a_{n2} & \cdots & a_{nn} \end{pmatrix} \end{array}.$$

对于简单图来说，由于一个顶点与一条边至多关联一次，故 $b_{ij}=0$ 或

1;同理,两个顶点至多被一条边连接,因此 $a_{ij}=0$ 或 1.

例 1.4　求如图 1.22 所示的 $G=W_4$ 的关联矩阵和邻接矩阵.

解　由定义得其关联矩阵和邻接矩阵如下

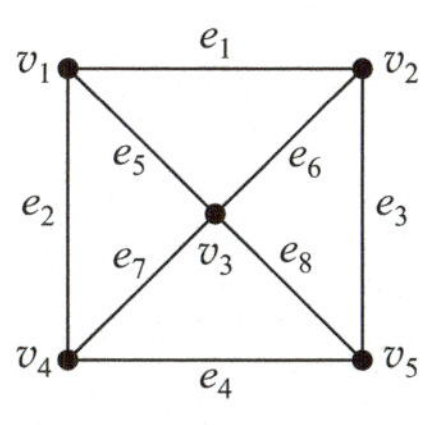

图 1.22　轮 W_4

$$M_G=\begin{array}{c} \\ v_1 \\ v_2 \\ \vdots \\ \\ v_5 \end{array}\begin{array}{c} \begin{matrix} e_1 & e_2 & & & \cdots & & & e_8 \end{matrix} \\ \begin{pmatrix} 1 & 1 & 0 & 0 & 1 & 0 & 0 & 0 \\ 1 & 0 & 1 & 0 & 0 & 1 & 0 & 0 \\ 0 & 0 & 0 & 0 & 1 & 1 & 1 & 1 \\ 0 & 1 & 0 & 1 & 0 & 0 & 1 & 0 \\ 0 & 0 & 1 & 1 & 0 & 0 & 0 & 1 \end{pmatrix} \end{array};$$

$$A_G=\begin{array}{c} \\ v_1 \\ v_2 \\ \vdots \\ \\ v_5 \end{array}\begin{array}{c} \begin{matrix} v_1 & v_2 & & \cdots & v_5 \end{matrix} \\ \begin{pmatrix} 0 & 1 & 1 & 1 & 0 \\ 1 & 0 & 1 & 0 & 1 \\ 1 & 1 & 0 & 1 & 1 \\ 1 & 0 & 1 & 0 & 1 \\ 0 & 1 & 1 & 1 & 0 \end{pmatrix} \end{array}.$$

2. 有向图的矩阵表示

给定简单有向图 $D=(V,A)$:其中 $V=\{v_1,v_2,\cdots,v_n\}$,$A=\{a_1,a_2,\cdots,a_m\}$. 其**关联矩阵**是一个 $n\times m$ 矩阵:

$$M_D=\begin{array}{c} \\ v_1 \\ v_2 \\ \vdots \\ v_n \end{array}\begin{array}{c} \begin{matrix} a_1 & a_2 & \cdots & a_m \end{matrix} \\ \begin{pmatrix} b_{11} & b_{12} & \cdots & b_{1m} \\ b_{21} & b_{22} & \cdots & b_{2m} \\ \vdots & \vdots & & \vdots \\ b_{n1} & b_{n2} & \cdots & b_{nm} \end{pmatrix} \end{array},$$

其中 $b_{ik}=\begin{cases} 1, & \text{当弧 } a_k \text{ 以顶点 } v_i \text{ 为尾}, \\ -1, & \text{当弧 } a_k \text{ 以顶点 } v_i \text{ 为头}, \\ 0, & \text{其他}. \end{cases}$

类似地,简单有向图 $D=(V,A)$ 的**邻接矩阵**是一个 $n\times n$ 矩阵 $A_D=(a_{ij})$,其中 $a_{ij}=\begin{cases} 1, \text{点 } v_i \text{ 指向 } v_j, \\ 0, \text{其他}. \end{cases}$

例 1.5 求图 1.23 所示的有向图 D 的关联矩阵及邻接矩阵.

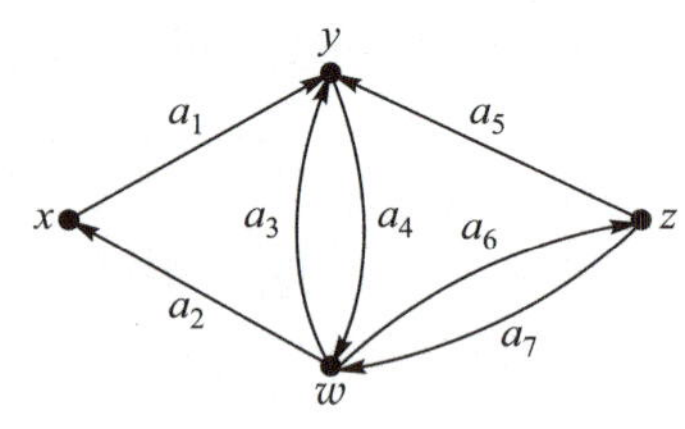

图 1.23 有向图 D

解 由定义得其关联矩阵和邻接矩阵如下:

$$M_D = \begin{matrix} & a_1 & a_2 & & \cdots & & & a_7 \\ x & 1 & -1 & 0 & 0 & 0 & 0 & 0 \\ y & -1 & 0 & -1 & 1 & -1 & 0 & 0 \\ z & 0 & 0 & 0 & 0 & 1 & -1 & 1 \\ w & 0 & 1 & 1 & -1 & 0 & 1 & -1 \end{matrix},$$

$$A_D = \begin{matrix} & x & y & z & w \\ x & 0 & 1 & 0 & 0 \\ y & 0 & 0 & 0 & 1 \\ z & 0 & 1 & 0 & 1 \\ w & 1 & 1 & 1 & 0 \end{matrix}.$$

3. 网络的矩阵表示

给定网络 N,类似可以定义其**邻接矩阵**,它是一个 $|V|\times|V|$ 矩阵 $A_N=(w_{ij})$,其中 w_{ij} 是边(弧)v_iv_j 上的权.

注 因为大多数图的边比顶点多很多,一个图的邻接矩阵一般要比它的关联矩阵小得多,因此需要更少的存储空间. 事实上,在处理稀疏图时,还可以使用更紧凑的表示:邻接表. 对于图中的每个顶点,其邻点按某种顺序被列在一个表中,这个表称为邻接表. 简单图在计算机中的存储通常采用邻接矩阵或邻接表的形式.

§1.6 算法简介

当一个图的规模很大时,人们总是希望用计算机来求解图的一些参数或图的某些结构,图算法就应运而生了.

1. 算法相关概念

算法(algorithm)是指解题方案的准确而完整的描述,是解决问题的一系列清晰指令,能够对一定规范的输入在有限时间内进行所要求的输出. 本节仅考虑关于图的算法,简称图算法. 对于一个图算法,在任何图上运行这个算法所需要的基本计算量(比如加、减、乘、除运算或比较、判断、赋值等)称为该算法的**计算复杂度**或**时间复杂度**,简称为**复杂度**(complexity).

算法的计算复杂度一般都是关于图的顶点数 n 和边数 m 的一个函数,故输入的规模均用顶点数 n 和边数 m 衡量. 对一个算法,人们主要关心它在解决大规模问题时的计算量. 当一个算法的计算复杂度是多项式函数时,算法的计算量随问题规模的增加增幅较缓,我们认为这个算法是有效算法或好算法,称之为**多项式时间算法**(polynomial algorithm),用 $O(n^k)$ 表示. 如果一个问题有多项式时间算法,则称之为 P – **问题**. 如果一个算法的计算复杂度是规模的指数函数,例如 2^n, $n!$ 等,称为**指数时间算法**. 当问题的规模较大时,指数时间算法所需的计算量快速增大以至于无法接受,因此不能用于解决大规模问题.

然而,有许多重要的问题迄今为止还没有找到多项式时间算法,这类问题我们称之为"困难"问题. 粗略地说,NP – **完全**(NP – C)**问题**是这样的一大类问题:如果对该类中的某一个问题设计出多项式时间算法,那么该类中的每一个问题都存在多项式时间算法;反之,如果证明了该类中的某一个问题不存在多项式时间算法,那么该类中的所有问题不可能存在多项式时间算法.

一个图的输入可以通过输入由其生成的矩阵来实现,通常是邻接矩阵或邻接表. **邻接表**(adjacency list)是图的一种最主要的存储结构,用来描述图上的每一个顶点. 对图的每个顶点建立一个容器(n 个顶点建立 n 个容器),第 i 个容器中的结点包含顶点 v_i 的所有邻接顶点.

连通性是图论中一个非常重要的概念. 下一段中的图扫描算法能够找到**从指定的顶点 s 到所有其他顶点的一条路**(如果存在的话). 该算法对有向图和无向图都适用. 对于无向图,可以构建一个包含 s 的顶点数最多的树.

2. 图扫描算法(graph scanning algorithm)

输入:图 $G=(V,E)$ 和一个顶点 $s\in V$.

输出:s 可以到达的顶点的集合 R 和集合 $T\subseteq E$,使得 (R,T) 是一棵树.

第 1 步　置 $R:=\{s\}, Q:=\{s\}$ 和 $T:=\varnothing$.

第 2 步　如果 $Q=\varnothing$，则停止. 否则选取一个顶点 $v\in Q$.

第 3 步　选取一个顶点 $w\in V\backslash R$ 使得 $e=vw\in E$. 如果不存在这样的 w，则置 $Q:=Q\backslash\{v\}$，返回第 2 步.

第 4 步　置 $R:=R\cup\{w\}, Q:=Q\cup\{w\}$ 和 $T:=T\cup\{e\}$，返回第 2 步.

不难分析这个算法的时间复杂度是 $O(n+m)$. 一个有趣的问题是在第 3 步中选择顶点的顺序. 有两种常用的方法:**深度优先搜索**(DFS)**和广度优先搜索**(BFS). 在 DFS 中,我们选择最后进入 Q 的顶点 v,即后进先出(last-in-first-out);在 BFS 中我们选择第一个进入 Q 的顶点 v,即先进先出(first-in-first-out). 由 BFS 和 DFS 所得到的树分别称为 **BFS－树**和 **DFS－树**.

例 1.6　分别用图扫描算法的 BFS 和 DFS 找到图 1.24 (a) 中从 s 可以到达的顶点以及包含 s 的树.

解　用 BFS 和 DFS 找到的图中从 s 可以到达的顶点以及包含 s 的树分别见图 1.24 (b),(c).

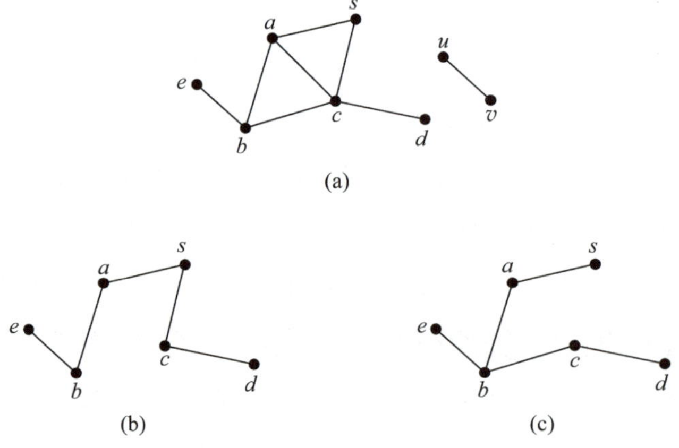

图 1.24　图扫描算法实例

知识拓展

在有些情况下,用本章研究的图并不能完全刻画真实世界的网络特征. 例如,对于若干作者合作撰写论文这个问题,普通图虽然能表示作者之间是否合作,但是不能表示出是否有三个或者更多的作者合作来写一篇论文. 因此数学家 Berge 于 20 世纪 60 年代提出了一种新的图理论:以作者为顶点,以论文为边集,就能描述该类问题的特征,这就是超图 (hypergraph),因此超图本身就是一种广义的图. 其严格的数学定义如下:超图 $H=(V,E)$ 是由顶点集 V 和边集 E 构成的,其中 E 的元素是 V(具有任意基数)的非空子集. 当每条边都有 k 个顶点组成时,称为 k-一致超图. 近年来,k-一致超图得到了较充分的研究,如超图的匹配、Hamilton 圈等性质,以及利用超图进行生物医学研究[21,46,54].

习题 1

1. 求图 1.5 中有向图 D 的子图 $D'=D-v_8$ 的最小出度、最小入度、最大出度、最大入度.

2. 画出轮 W_5,并求其一个支撑子图.

3. 画出 K_2 与 C_4 的连 $K_2 \vee C_4$.

4. 画出完全图 K_4 的所有定向图,并找出每个定向图的最长路.

5. 你能描述当 $k=0,1,2$ 时,k-正则图的结构吗?

6. 图 1.2 中的图 G 和 $\bar{G}$ 同构吗? 为什么?

7. 阶为 n 的圈 C_n 和路 P_n 的直径和半径分别是多少? 为什么?

8. 判断 Petersen 图是不是二部图,并求其围长、半径和直径.

9. 判断图 1.6 中有向图 D 是不是强连通的,并求其周长.

10. 求图 1.1 中图 G 的关联矩阵和邻接矩阵.

11. 给图 1.8 中网络 N 的每个顶点标号,并求其邻接矩阵.

12. 用 BFS 求图 1.23 中有向图 D 中从 x 到其他各点的有向路.

13. 某次会议有 n 个参会人员,其中有些人互相认识,已知每两个互相认识的人都没有共同的熟人,但每两个互相不认识的人恰好有两个共同的熟人. 证明每个参会人员都有相同数目的熟人.

14. 证明任何聚会上至少有两个人握过相同次数的手.

15. 已知连通图 G 的顶点数和边数满足 $n \geqslant 4$ 且 $m \geqslant n+1$. 证明图 G 至少有一个顶点 v 使得 $d(v) \geqslant 3$. 并由此证明:$n(\geqslant 4)$ 个球队比赛,已赛完 $n+1$ 场,则必定有一个球队已参加过至少 3 场比赛.

16. 设图 G 的点数和边数分别为 n 和 m，且其最小度和最大度分别为 $\delta(G)$ 和 $\Delta(G)$，我们称 $d(G)=2m/n$ 为图的点平均度. 证明 $\delta(G)\leqslant d(G)\leqslant\Delta(G)$.

17. 证明 $\mathrm{rad}(G)\leqslant\mathrm{diam}(G)\leqslant 2\mathrm{rad}(G)$.

18. 证明如果一个简单图 G 的最小度 $\delta(G)>(n-2)/2$，则图 G 是连通的.

19. 给定二部图 $G=(X,Y)$，其中 $|X|=s$，$|Y|=t$，证明

(1) G 的边数 $m\leqslant st$;

(2) G 的边数 $m\leqslant(s+t)^2/4$. 你能刻画当"="成立时二部图的结构吗?

20. 给定两个不交的图 G 和 H，定义它们的笛卡儿乘积图 (Cartesian product graph) $G\times H$ 如下：其顶点集为 $V(G)\times V(H)$，其边集为形如 $(u_1,v_1)(u_2,v_2)$ 的所有边的集合，使得 $u_1u_2\in E(G)$ 并且 $v_1=v_2$，或者 $v_1v_2\in E(G)$ 并且 $u_1=u_2$. 画出 $K_2\times K_2$ 和 $C_n\times K_2$，其中 $n=3,4,5$.

第2章 树、最小支撑树与最短路

本章内容

§2.1 树的概念与性质

相关概念;树的性质;Cayley 公式和树在化学中的应用

§2.2 最小支撑树

概念及性质;Kruskal 算法;Prim 算法

§2.3 最短(有向)路

基本原理;Dijkstra 算法

知识拓展

习题 2

§2.1　树的概念与性质

树是图与网络中最简单、最重要的一类图，也是图论中最早研究的主题之一. 最小支撑树问题是一个组合优化问题，在实际中有重要的应用. 在介绍树的相关概念以及基本性质之前，我们首先来看下面的内容.

树与最小支撑树

某大型集团公司新建造了一个办公区域，由若干楼宇组成. 现在想在这些楼宇之间建设一个连通的光纤通信网络，光纤线路越长，费用就越高. 如何设计这个通信网络，使得总费用最小？

我们可以采取这样的方案，将每座楼宇看作一个顶点，把楼宇之间的光纤连线看作边，两个楼宇之间的线路费用对应边上的权，这样就得到一个网络. 那么，光纤通信网络的设计问题就转化为求解网络的最小支撑树问题. 本章将介绍树的概念、性质及应用，以及求最小支撑树的 Kruskal 算法和 Prim 算法. 最小支撑树问题的解决方案还可应用于城市内供气、供水以及交通网的设计.

1. 相关概念

我们知道，连通的无圈图就是树. 那么一个无圈图，即不含任何圈的图怎么称呼呢？我们称之为**森林** (forest). 从这个角度来说，连通的森林即为**树** (tree)，通常用 T 表示，其中度为 1 的顶点称为**叶子** (leaf). 例如，图 2.1 所示的是阶为 6 的三棵树.

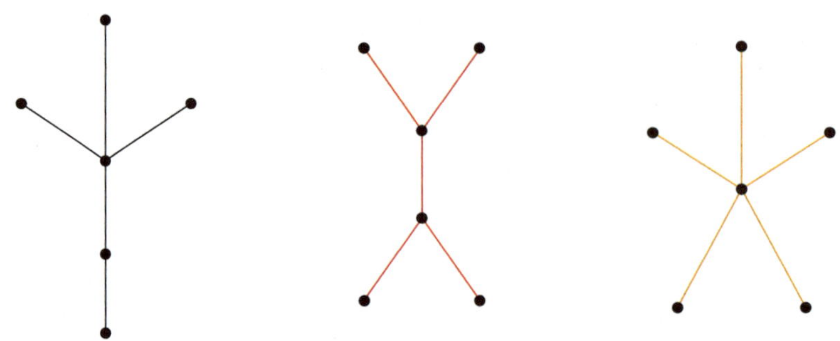

图 2.1　阶为 6 的树

注 树的定义形象直观，例如，图 2.1 左边的树看起来就像现实世界的“树”：叶子就是“树的叶子”，树中的任何一个顶点都可以作为“树根”；并且如果我们稍微注意画图的方式，就可以画成一棵“树”的样子，如图 2.2. 根据需要我们也可以把树画成“倒挂的树”，即根朝上而叶子朝下. 易见树是一个具有层次关系的集合，那么一切具有层次关系的问题都可以用树来描述.

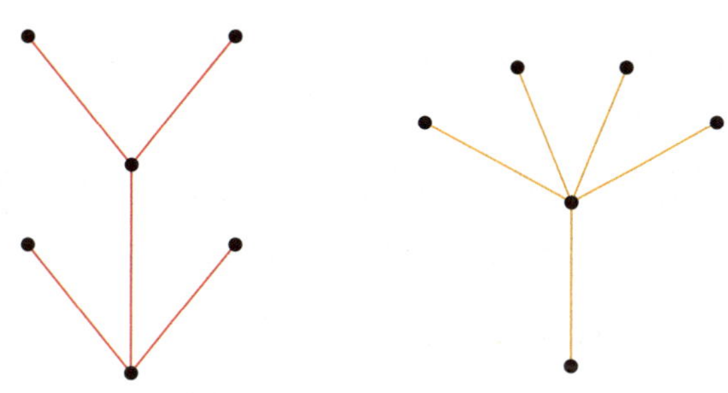

图 2.2 图 2.1 中两棵树的像“树”的画法

2. 树的性质

本部分均假定 T 是阶为 n、边数为 m 的图. 以下定理给出了树的最基本的性质.

定理 2.1 对于图 T，下列命题是等价的：

(1) T 是一棵树；

(2) T 连通且有 $n-1$ 条边；

(3) T 连通且每条边都是割边；

(4) T 的任意两顶点间都有唯一的路相连；

(5) T 无圈，但在任意一对不相邻的顶点间加一条边，则构成唯一的圈.

对于定理的证明，我们可以按 (1)→(5)→(4)→(3)→(2)→(1) 的顺序来证明各个命题的等价性，因为篇幅所限这里就不再给出详细证明. 取而代之的，我们证明以下几个有趣的定理.

定理 2.2 (König，1936) T 是树当且仅当 T 中任何不同的两个顶点恰由一条路连接.

证明 **必要性.** 设 T 是树，但是存在其中的两个顶点，它们由至少两条不同的路相连，设 P_1 和 P_2 是两条这样的路，那么在 P_1 中存在一条边 $e=xy$ 不在路 P_2 中，并且 $P_1 \cup P_2$ 是闭途径. 子图 $H=(P_1 \cup P_2)-e$ 是连通的，那么 H 包含一条 (x,y)-路 P. 从而 $P+e$ 是 T 中的圈，这与 T 不含圈矛盾. 必要性得证.

充分性. 由于 T 中任何不同的两个顶点由一条路连接，故 T 连通，下证 T 无圈. 假若 T 含圈 C，对于圈上的任意两个顶点 x,y，在 C 上都有两条连接 x 和 y 的路，矛盾. 所以 T 中不含任何圈，即 T 是树. ■

定理 2.3　T 是树当且仅当 T 连通且 $m=n-1$.

证明　**必要性.** 因为 T 是树，所以 T 是连通的. 下面对边数 m 用数学归纳法来证明 $m=n-1$.

当 $m=0$ 时，结论显然成立. 假定 $m\geqslant 1$，且对于边数小于 m 的所有树结论均成立. 设 T 是边数为 m 的树，取 $e\in E(T)$. 由定理 2.1，T 的每条边都是割边，则 $T-e$ 有 2 个连通分支，设为 T_1 和 T_2，则 T_1 和 T_2 都为树，并且 $|E(T_i)|<m$，$i\in\{1,2\}$. 由归纳假设 $|E(T_i)|=|V(T_i)|-1$，$i\in\{1,2\}$. 于是

$$|E(T)|=|E(T_1)|+|E(T_2)|+1=|V(T_1)|+|V(T_2)|-1=n-1 .$$

充分性. 我们对图 T 的阶数 n 用数学归纳法来证明 T 中不含圈. 当 $n=1$ 时，$m=0$，T 是平凡图，因而无圈. 假定任何阶数小于 n 且边数 $m=n-1$ 的连通图都不含圈. 设 T 是阶数为 n，且 $m=n-1$ 的连通图. 由于 T 是连通的非空图，所以 $\delta(T)\geqslant 1$. 事实上，$\delta(T)=1$，否则如果 $\delta(T)\geqslant 2$，则

$$2n-2=2m=\sum_{x\in V(T)} d(x)\geqslant 2n,$$

这是不可能的. 所以存在 $x\in V(T)$，使 $d(x)=1$. 于是 $T-x$ 是 $n-1$ 阶连通图，并且 $|E(T-x)|=n-2$. 由归纳假设 $T-x$ 不含圈，所以 $T-x+x=T$ 不含圈. 又已知 T 连通，因而是树. ■

由上面的定理，我们可以得到下面的推论.

推论 2.1　每棵树至少有两个叶子.

证明　任给顶点数为 n 的树 T，因为 T 连通，所以 T 中每个顶点的度至少为 1，即任给 $x\in V(T)$，都有 $d(x)\geqslant 1$. 又因为

$$\sum_{x\in V(T)} d(x)=2m=2n-2,$$

因此树 T 至少有两个顶点为叶子. ■

思考题 2－1 哪一种类型的树恰有两个叶子？哪一种类型的树有最多的叶子？你能否确定该树的结构？

3. Cayley 公式和树在化学中的应用

树的一个重要应用是在化学中利用其研究碳氢化合物分子的计数问题. 早在 1857 年 Cayley 就通过树的计数解决了这个问题. 碳氢化合物的分子由碳原子和氢原子构成. 比如丁烷和异丁烷有相同的分子式 C_4H_{10}，这表示每个分子都有 4 个碳原子和 10 个氢原子，然而它们有不同的分子结构，表示不同的分子. 如图 2.3 所示，我们可以用图来表示它们的分子结构，在图中度为 1 的顶点代表氢原子，度为 4 的顶点代表碳原子.

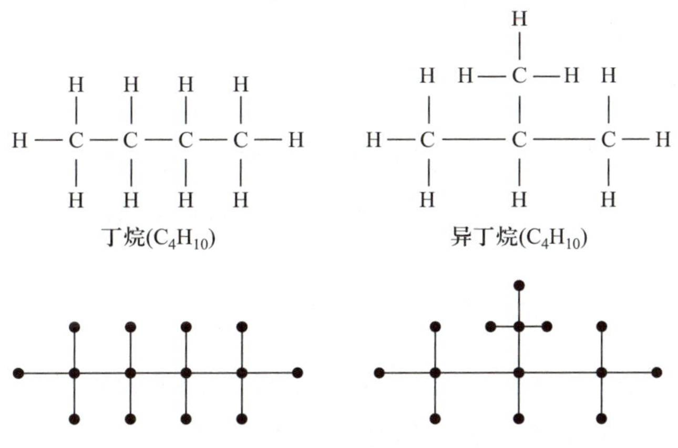

图 2.3 丁烷和异丁烷及它们的图模型

更一般地，我们问有相同化学式 C_nH_{2n+2} 的不同分子有多少个？首先注意到有这个化学式的分子对应的图是一棵树，它有 $3n+2$ 个顶点和 $3n+1$ 条边. 因为在图中表示氢原子的顶点的度皆为 1，去掉图中度为 1 的顶点及其关联的边，剩下的树有 n 个顶点且每个顶点的度不大于 4. Cayley 在 1875 年通过研究树的结构而给出了树的计数方式，从而解决了上面提出的问题. 之后在 1889 年 Cayley 又发现了关于标号树数目的公式，即 Cayley 公式. 所谓标号树，是给树的每个顶点进行标号，同构的两棵树，其顶点标号不同也认为是不同的树.

定理 2.4 阶为 n 的标号树的数目为 n^{n-2}.

这等价于完全图 K_n 中支撑树的数目. 这个简单而优美的公式吸引了

众多学者,他们给出了各种各样的证明,详细证明可参阅文献 [52,68].

思考题 2-2　你能画出甲烷 CH_4、乙烷 C_2H_6、丙烷 C_3H_8 所对应的图吗？它们是树吗？

注　计算机中的各种数据结构常用树来表示,有的书中直接称树为一种数据结构,树中的顶点也常被称为节点 (node). 根据节点之间的关系,还可以定义根节点、父节点、子节点、叶节点等. 从而可以进一步定义各种不同的树,如无序树、有序树、二叉树等,其中二叉树又可进一步细化为斜树、满二叉树、完全二叉树,以及平衡二叉树等. 感兴趣的读者可参阅文献 [53].

§2.2　最小支撑树

最小支撑树问题是组合优化中最典型和最著名的问题之一,不仅体现了组合数学的重要思想,而且在算法设计中起到了核心作用.

1. 概念及性质

在第 1 章我们定义了一个图的支撑树,同样我们可以定义网络的支撑树. 给定网络 $N=(V,E,W)$,其中 W 为每条边 e 上的权 $w(e)$ 的集合. 设 $T\subseteq N$ 并且 $V(T)=V(N)$. 若 T 是树,则称 T 为 N 的一棵**支撑树或生成树** (spanning tree),记 $W(T)=\sum\limits_{e\in E(T)} w(e)$,并称 $W(T)$ 为 T 的**权** (或长). 网络 N 中权最小的支撑树称为 N 的最小支撑树或**最小树** (如图 2.4).

定理 2.5　设 T 是 N 的一棵支撑树,则 T 是 N 的最小树当且仅当对任意的边 $e\in N-E(T)$ (即 N 中不在树 T 上的边),都有下式成立:

$$w(e)=\max_{e'\in C(e)} w(e'),$$

其中 $C(e)$ 是 $T+e$ 中的唯一的圈.

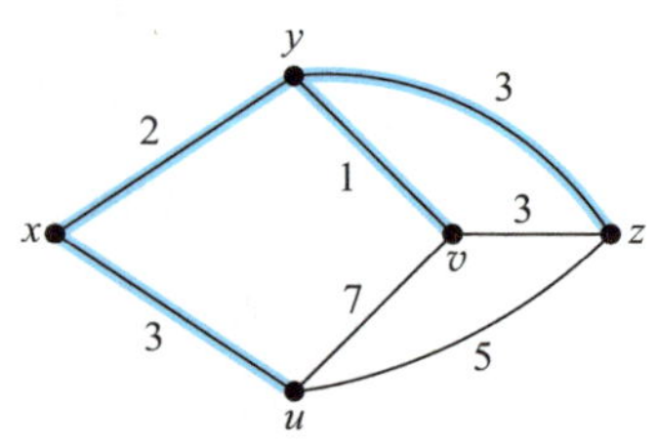

图 2.4　网络 N 及其最小树

思考题 2－3 设 G 是一个阶为 n 的连通图，那么它至少有多少条边？

2. Kruskal 算法

Kruskal 算法是 1956 年首次提出的求最小树的算法，后来 Edmonds（埃德蒙兹）把此算法叫做贪心算法. 定理 2.5 是算法的基础. 算法的基本思路是从网络 N 的 m 条边中选取 $n-1$ 条权尽量小的边，并且使其不构成圈，从而得到一棵最小树.

Kruskal 算法

输入：网络 $N=(V,E,W)$.

输出：最小树 T.

第 1 步　开始把边按权的大小由小到大排列，即将边排序为 a_1，$a_2,\cdots,a_m$，使 $w(a_1)\leqslant w(a_2)\leqslant\cdots\leqslant w(a_m)$，置 $S:=\varnothing$，$i:=0$，$j:=1$.

第 2 步　若 $|S|=i=n-1$，则停止. 这时 $N[S]$ 即为所求的最小树 T；否则转向第 3 步.

第 3 步　若 $N[S\cup\{a_j\}]$ 不构成圈，则置 $e_{i+1}:=a_j$，$S:=S\cup\{e_{i+1}\}$，$i:=i+1$，$j:=j+1$，转向第 2 步；否则，置 $j:=j+1$，转向第 2 步.

我们来分析一下 Kruskal 算法的复杂性. 首先，在**第 1 步**中把边按权的大小由小到大排列起来，约需 $m\log_2 m$ 次比较（m 为此网络的边数）；其次，**第 2 步**最多循环 n 次；最后，在**第 3 步**中，判定加边后是否构成圈总共约需 m 次比较，而加边后顶点的重新标号最多需 $n(n-1)$ 次比较. 所以，**总的计算量**为

$$m\log_2 m+n+m+n(n-1)\sim O\left(n^2\log_2 n\right).$$

因此该算法是一个多项式时间算法，相应的最小树问题是 P－问题.

注　在算法中，我们对 $\log_2 n$ 通常省略对数的底“2”，记为 $\log n$. 本书沿用这种写法.

思考题 2-4　我们定义网络 N 中权最大的支撑树为最大权树. 你能修改或利用 Kruskal 算法求一个网络的最大权树吗?

例 2.1　用 Kruskal 算法求图 2.4 所示网络的最小树.

解　首先把网络的边按权的大小由小到大排列起来,因为

$$w(vy)<w(xy)<w(yz)=w(vz)=w(xu)<w(uz)<w(uv),$$

所以边的顺序为 vy,xy,yz,vz,xu,uz,uv. 根据从左到右的顺序,我们依次选边,使这些边不构成圈,得到一棵最小树,其权为 9. 用 Kruskal 算法求解的过程如图 2.5 所示.

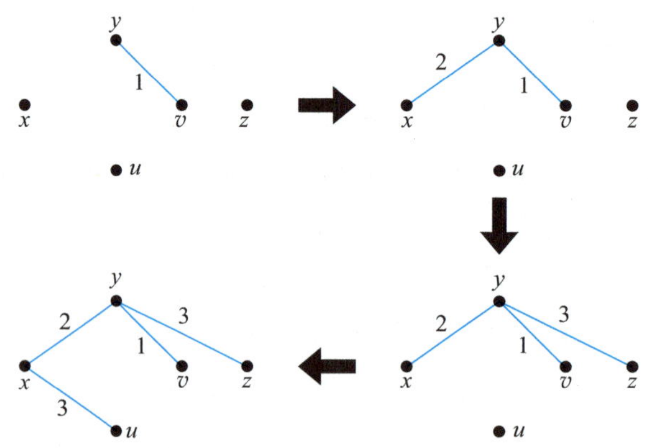

图 2.5　Kruskal 算法求最小树的过程

思考题 2-5　例 2.1 的解是否唯一? 为什么?

3. Prim 算法

下面我们介绍另一种复杂性更好的算法:Prim 算法. 该算法由捷克数学家 jarník(亚尔尼克)在 1930 年发现;并在 1957 年由美国计算机科学家 Prim(普里姆)独立发现;1959 年,Dijkstra 再次发现了该算法,因此该算法有时被称为 Dijkstra 算法.

给定网络 $N=(V,E,W)$,其中 $V=\{v_1,v_2,\cdots,v_n\}$,以 v_i 和 v_j 为端点的边记为 e_{ij},其权为 w_{ij}. 对于一个点子集 S,我们首先回顾一下 S-割的定义,令 $\overline{S}=V\setminus S$,那么这样一些边的集合 $\{xy|x\in S,y\in \overline{S}\}$ 称为 N 的 S-割.

显然,删去这些边后,网络就不再连通. 以下定理是 Prim 算法的基础.

定理 2.6 设 T 是 N 的支撑树,任取 $e=uv\in E(T)$,S 是包含 u 而不包含 v 的点子集,$\Omega(e)$ 是 $N-E(T)+e$ 中的 S-割,则 T 是 N 的最小树当且仅当

$$w(e)=\min_{e'\in\Omega(e)} w(e').$$

Prim 算法的基本思路如下:从 N 的 $n-1$ 个不同的每一个 S-割中选取一条权最小的边,从而构成一个最小树. 具体来说,先从任意一个顶点的割开始,找出其中权最小的一条边作为最小生成树的边,在算法任一轮循环中,设已经选出的边导出的子网络为 N',从 N' 的顶点向 N' 以外顶点的连边为 E',则选择 E' 中权最小的边向 N' 中添加,如此反复循环直至选出 $n-1$ 条边为止.

Prim 算法

输入:网络 $N=(V,E,W)$,其中 $V=(v_1,v_2,\cdots,v_n)$.

输出:最小树 T.

第 1 步 置 $u_j:=w_{1j}$,$T:=\varnothing$,$S:=\{v_1\}$,$\bar{S}:=(v_2,\cdots,v_n)$.

第 2 步 取 $u_k:=\min_{v_j\in\bar{S}}\{u_j\}=w_{ik}$. 置 $T:=T\cup\{e_{ik}\}$,$S:=S\cup\{v_k\}$,$\bar{S}:=\bar{S}\setminus\{v_k\}$.

第 3 步 若 $\bar{S}=\varnothing$ 则停止;否则置 $u_j:=\min\{u_j,w_{kj}\}$,$v_j\in\bar{S}$,返回第 2 步.

我们来分析一下 Prim 算法的复杂性. 执行第 2 步时,第一次有 $n-2$ 次比较,第二次有 $n-3$ 次比较……因此总的比较次数为 $(n-1)(n-2)/2$ 次;执行第 3 步时,第一次有 $n-2$ 次比较,第二次有 $(n-3)$ 次比较……因此总的比较次数为 $(n-1)(n-2)$ 次. 所以,总的计算量约为 $O(n^2)$.

注 Kruskal 算法和 Prim 算法都是从定义(连通无圈)出发,构造树. 它们的不同之处在于:Kruskal 算法在保持无圈的基础上选边,其添边过程一般情况下是森林合并为树的过程;而 Prim 算法在保持连通的基础上选边,其添边过程实际上是树的生长过程;两个算法的复杂度也不同,Kruskal 算法的复杂度为 $O(n^2\log n)$,而 Prim 算法的复杂度为 $O(n^2)$,因此 Prim 算法的复杂度更好.

例 2.2　用 Prim 算法求图 2.4 所示的网络的最小树.

解　用 Prim 算法求解的过程如图 2.6 所示.

不难看出,算法实质上是在 4 个 S-割的每个割中取权最小的一条边,构成一棵支撑树. 由定理 2.6 知,这是一棵最小树. 这些 S-割和取边的情况如下:

(1) 令 $S:=\{x\}$, $\bar{S}:=\{y,z,u,v\}$, 则 $\{S,\bar{S}\}=\{xy,xu\}$, 取这两条边中权小的边,即 xy,放入 T 中.

(2) 这时 $S:=\{x,y\}$, $\bar{S}:=\{z,u,v\}$, $\{S,\bar{S}\}=\{xu,yv,yz\}$, 取这 3 条边中权最小的边,即 yv,放入 T 中.

(3) 从而 $S:=\{x,y,v\}$, $\bar{S}:=\{z,u\}$, 那么 $\{S,\bar{S}\}=\{xu,yz,vu,vz\}$, 这 4 条边中有 3 条边权为 3,为最小的权,任意选取其中权为 3 的边 vz 放入 T 中.

(4) 现在 $S:=\{x,y,v,z\}$, $\bar{S}:=\{u\}$, 那么 $\{S,\bar{S}\}=\{xu,vu,zu\}$, 这 3 条边中 xu 的权 3 最小,所以将 xu 放入 T 中;这时 $\bar{S}=\varnothing$, 结束. $E(T)=\{xy,yv,vz,xu\}$, T 即为所求的最小树,其权为 9.

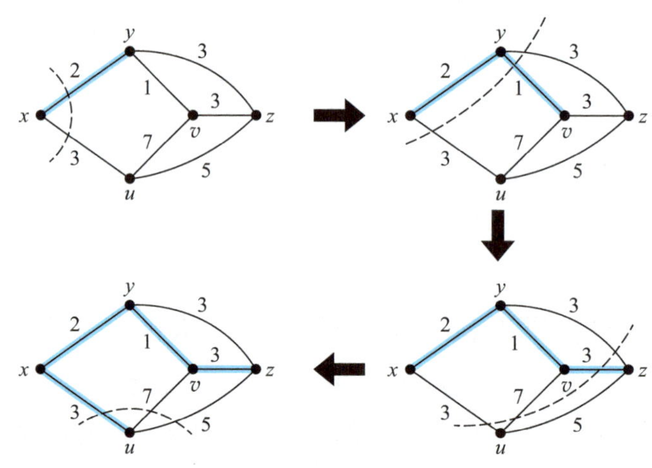

图 2.6　Prim 算法求最小树的过程

§2.3　最短(有向)路

最短路问题是一个优化问题,属于网络优化和组合优化的范畴,在交通运输、通信和计算机网络等都有重要的应用,现在人们对这个问题的研究也越来越深入. 最短路问题有许多算法,其中最基本的是 Dijkstra 算法.

Dijkstra 简介

Dijkstra 是荷兰计算机科学家,1959 年他发明了著名的最短路算法,也被称为 Dijkstra 算法.Dijkstra 的贡献覆盖了很多领域,包括编译器、操作系统、分布式系统、程序设计、编程语言、程序验证、软件工程、图论……1972 年他获得了素有计算机科学界的 Nobel(诺贝尔)奖之称的 Turing(图灵)奖. 以下文字摘录自 Turing 奖颁奖词:"程序员的工作中随处可见由他提出的词汇:显示、死锁、信号量……但他对程序设计的影响力远非任何术语表所能阐示;ALGOL 高级编程语言已经成为结构清晰、数学基础严谨的一个典范,而他是 ALGOL 语言的主要贡献者之一. 他为我们理解程序语言的结构、表示方法与实现做出了巨大的贡献……".

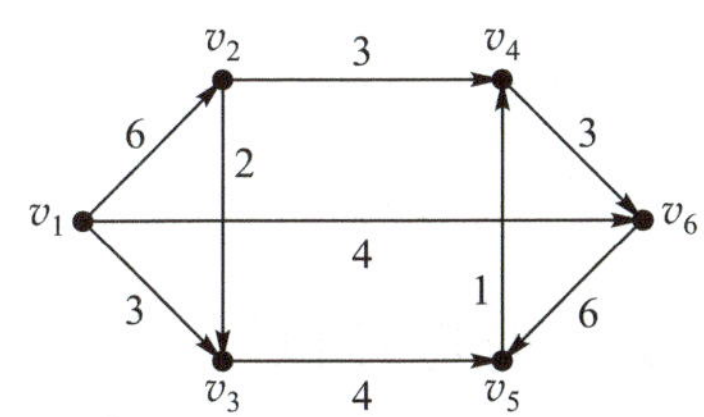

图 2.7 有向网络 N

图 2.7 所示的是一个有向网络,如何求这个网络中 v_1 到 $v_2,v_3,\cdots,v_6$ 的最短路?

1. 基本原理

给定有向网络 $N=(V,A,W)$,其中 $V=\{v_1,v_2,\cdots,v_n\}$,w_{ij} 为弧 v_iv_j 的权. $W=(w_{ij})$ 为一个 $n\times n$ 矩阵(若弧 $v_iv_j\notin A$,则 $w_{ij}=+\infty$). 设 P 为 N 中的一条有向路,则 P 的权(或长)定义为

$$W(P)=\sum_{a\in E(P)}w(a).$$

我们想求有向网络中自某一指定顶点 v_1 到其他各顶点 v_j 间的最短有向路,简称最短路. 本文只考虑所有弧权为正值的情况,对于弧上含有负权的最短有向路问题,请参阅 Moore-Bellman-Ford(摩尔—贝尔曼—福特)算法.

基本原理如下:如果路 $P=v_1v_2\cdots v_k$ 是顶点 v_1 到顶点 v_k 的最短路,那么路 $v_1v_2\cdots v_{k-1}$ 必是 v_1 到顶点 v_{k-1} 的最短路. 基于这一原理,算法由近及远逐次求出顶点 v_1 到其他各顶点的最短路. 令

u_j:自顶点 v_1 到顶点 v_j 的最短路的长度;

u_k:自顶点 v_1 到顶点 v_k 的最短路的长度;

w_{kj}:弧 v_kv_j 的长度(若弧 $v_kv_j\notin A$,则 $w_{kj}=+\infty$),

则 $u_j = u_k + w_{kj}$ 当且仅当弧 v_kv_j 在自顶点 v_1 到顶点 v_j 的最短路上，即

$$\begin{cases} u_1 = 0, \\ u_j = \min\limits_{k \neq j}\{u_k + w_{kj}\}, j = 2, 3, \cdots, n. \end{cases} \tag{2.1}$$

上式称为最短路方程. 因此，弧 v_kv_j 是该路上的最后一条弧，而且该路上自顶点 v_1 到顶点 v_k 的一段路也必然是最短路. 实际上，我们可以将顶点 v_1 到其他各顶点的最短路的长度按照从小到大的顺序进行排列为

$$0 = u_1 \leqslant u_2 \leqslant \cdots \leqslant u_n .$$

从而在算法执行中我们可以同时进行路长的排序和用方程 (2.1) 求解 v_1 到其他各顶点的最短路，即方程 (2.1) 可以简化为

$$\begin{cases} u_1 = 0, \\ u_j = \min\limits_{k < j}\{u_k + w_{kj}\}, j = 2, 3, \cdots, n. \end{cases} \tag{2.2}$$

2. Dijkstra 算法

Dijkstra 算法采用对顶点进行标号的方法来实现，分为临时标号和永久标号. 顾名思义，临时标号表示这个标号还可以被修改，永久标号表示这个标号不再被修改，并把永久标号的顶点放入一个集合 P 中.

算法执行中，给每个顶点 v_j 都赋一个临时标号 u_j，表示当前已经算出的从 v_1 到该顶点的最短路的长 $d(v_1, v_j)$；算法每轮循环都考虑修改 v_j 的标号，如果通过此前刚刚进入集合 P 的顶点 v_k 到 v_j 的弧不能获得更短的 (v_1, v_j) 路，则该顶点保持原有标号 u_j 不变；否则，修改该顶点标号为 $u_j = u_k + w_{kj}$，v_1 到 v_j 最短路由当前 v_1 到 v_k 最短路及弧 v_kv_j 构成.

用标号法求最短路主要包括两个过程：(1) 修改各顶点的标号；(2) 从 $V \backslash P$ 的所有顶点中取标号最小的一个顶点，放入 P 中. 某个顶点被放入集合 P 后，它的标号成为永久标号，不再被修改. 算法反复执行上述过程，直至所有顶点获得永久标号 (被放入 P 中) 为止. 每个顶点的标号 u_j 表示 v_1 到该顶点的最短路的长. 通过检查标号的来源点，反向追踪可得 v_1 到各顶点的最短路.

Dijkstra 算法

输入：有向网络 $N=(V,A,W)$，其中 $V=(v_1,v_2,\cdots,v_n)$，$W=(w_{ik})$，以及顶点 v_1.

输出：顶点 v_1 到 $v_2,\cdots,v_n$ 的最短路及长度.

第 1 步(开始)

置 $u_1:=0,\ u_j:=w_{1j},\ j=2,3,\cdots,n,\quad P:=\{v_1\},\ Q:=\{v_2,\cdots,v_n\}$.

第 2 步(指出永久标号)

在 Q 中寻找一顶点 v_k，使得 $u_k:=\min\limits_{v_j\in Q}\{u_j\}$.

置 $P:=P\cup\{v_k\}$，$Q:=Q-\{v_k\}$. 若 $Q=\varnothing$，终止；否则进行第 3 步.

第 3 步(修改临时标号)

对 Q 中每一顶点 v_j，置 $u_j:=\min\{u_j,u_k+w_{kj}\}$，然后返回第 2 步.

下面对算法的几点说明，有助于对算法有一个简单直观的理解.

注　在 Dijkstra 算法中，集合 P 中存放的是有永久标号的顶点，集合 Q 中存放的是有临时标号的顶点. 特别地，在执行完算法第 1 步时，所有顶点都得到了标号，但只有 v_1 是永久标号 0，表示 v_1 到它本身的距离为 0，其他顶点的标号都是临时标号，表示弧 v_1v_k 的长度(若 $v_1v_k\notin A$，则标号为 $+\infty$). 在算法运行过程中，一旦一个顶点放入集合 P，就标志着这个顶点得到了永久标号，从而 v_1 到这个顶点的最短路已经求得，其最短距离即为该标号.

现在我们简单分析一下算法的复杂度，这个算法经过 $n-1$ 次循环必结束. 在第 2 步中要做 $(n-2)(n-1)/2$ 次比较，在第 3 步中要做 $(n-2)(n-1)/2$ 次加法和 $(n-2)(n-1)/2$ 次比较. 所以，总的计算量约为 $O(n^2)$.

例 2.3　用 Dijkstra 算法求解图 2.7 所示有向网络中自顶点 v_1 到其他各顶点的最短有向路，其中每条弧上的数表示其权值.

解　求解过程如图 2.8 所示.

在给定的有向网络中，用 Dijkstra 算法求解得到从顶点 v_1 到其他各顶点的最短路为：$v_1\to v_2$(距离为 6)，$v_1\to v_3$(距离为 3)，$v_1\to v_3\to v_5\to v_4$(距离为 8)，$v_1\to v_3\to v_5$(距离为 7)，$v_1\to v_6$(距离为 4).

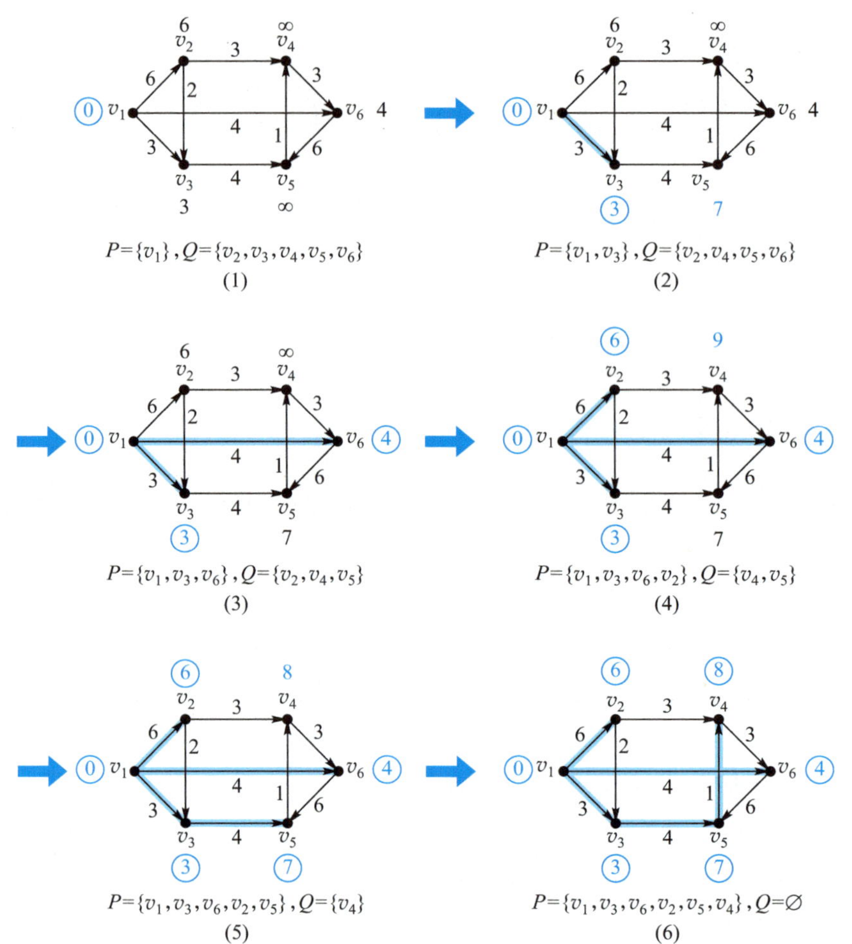

图 2.8　顶点 v_1 到其他各顶点的最短有向路

注　对于无向网络的最短路问题，可把无向网络的边当作有向网络的双向弧，用 Dijkstra 算法求解.

全顶点对最短路问题，是对给定的有向网络 $N=(V,A,W)$ 和任意一对顶点 u 和 v，求顶点 u 到顶点 v 的最短路，这个问题可以用 Floyd-Warshall（弗洛伊德–沃舍尔）算法求解，算法的计算量是 $O(n^3)$.

知识拓展

1. 最小树问题和最短路问题都是图与网络中最基本、最重要的问题，关于它们的算法是解决其他问题的基础. 下面我们对求解这两个问题的算法进行说明：对于求最小树的 Prim 算法，其计算量可以通过更有效的数据结构改进到 $O(m+n\log n)$. 如果使用一些更先进的方案，甚至可以改进到更好. 对于求最短路的 Dijkstra 算法，用 Fibonacci（斐波那契）堆可以得到一个计算量为 $O(m+n\log n)$ 的算法，这也是目前为止当权非负时求最短路的最好算法. 特别地，学者们还给出了当权为整数，以及特殊网络的更好的算法. 详细内容请参阅文献 [34].

2. 最小树的推广就是所谓的 Steiner（斯坦纳）树问题：对于一个连通的网络和一些给定的顶点，在网络中找一棵权和最小的树，使得这棵树包含这些给定的顶点，这样一棵树就叫做 Steiner 树. Steiner 树问题是著名的网络设计问题，感兴趣的读者可以参阅文献 [34].

3. 电网络分析方法的产生是图论发展的重要标志之一，1847 年 Kirchhoff 把电网络与图联系起来，解决了电网络方程组中的独立方程数目问题，他创立的电网络分析方法至今仍是电网络中的基本分析方法，欲进一步了解的读者可参阅文献 [71]. 特别地，电阻距离是图论的一个重要研究对象，具体请参阅综述 [73].

4. 图论在化学中有广泛的应用，除了本章研究的同分异构体的计数问题，还有匹配问题、以及一些能量指标等. 图论与化学的交叉产生了化学图论这一研究领域，感兴趣的读者可参阅文献 [40].

习题 2

1. 一个有 n 个顶点、$n-1$ 条边的图一定是树吗？为什么？

2. 设 T 是一棵阶为 n 的树，那么 T 中所有顶点的度和是多少？

3. 是否存在这样的树 T，使得它的补图 $\bar{T}$ 也是树？如果存在，请求出所有的解；如果不存在，请说明理由.

4. 设 T 是阶至少为 2 的树. 证明：T 是二部图.

5. 设 G 是一个阶为 n、边数为 m 的森林，并且 G 有 t 个连通分支，试写出 n，m 和 t 的关系，并说明理由.

6. 完全图 K_4 共有几个不同构的支撑树？画出这些支撑树.

7. 用 Kruskal 算法求图 2.9 (a) 所示网络的最小树.

8. 用 Prim 算法求图 2.9 (b) 所示网络的最小树.

9. 求图 2.9 (b) 所示网络中 v_1 到其他各点的最短路.

10. 设某公司的总部设在城市 c_1，并在其他五个城市 $c_2,\cdots,c_6$ 设有分公司，从 c_i 到 c_j 之间的高铁票价记在如下矩阵 (i,j) 的位置上，其中 ∞ 表示无直达高铁，需经其他城市中转. 试画出这个问题的网络，并帮助该公司设计一个 c_1 到其他各城市的最便宜的路线.

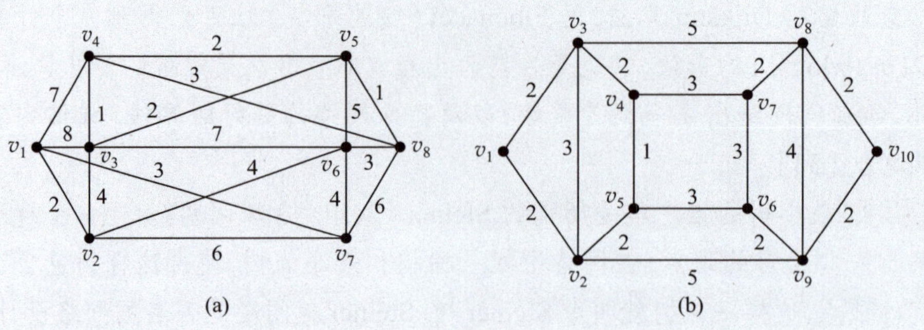

图 2.9　网络

$$\begin{pmatrix} 0 & 150 & \infty & 140 & 125 & 110 \\ 150 & 0 & \infty & 115 & 120 & 125 \\ \infty & 115 & 0 & 110 & 120 & \infty \\ 140 & 120 & 110 & 0 & 110 & 125 \\ 125 & \infty & 120 & 110 & 0 & 155 \\ 110 & 125 & \infty & 125 & 155 & 0 \end{pmatrix}.$$

11. 设一个地区在任意两个城市之间修建铁路的花费与两城市之间的距离成正比. 现在有四个城市 A,B,C,D, 构成了一个矩形的 4 个顶点, A 与 B 之间和 C 与 D 之间的距离都为 96 km, A 与 D 之间和 B 与 C 间的距离都为 40 km, E 为矩形对角线的交点.

(1) 求以 A,B,C,D 为顶点的最小树的权.

(2) 求以 A,B,C,D,E 为顶点的最小树的权.

12. 证明:每一个树 T 至少有 $\Delta(T)$ 个叶子.

13. 设在非平凡树 T(阶至少为 2) 中, n_i 表示度为 i 的顶点数. 证明

$$n_1 = 2 + n_3 + 2n_4 + \cdots + (\Delta - 2)n_\Delta .$$

第 3 章 连通性与网络流

本章内容

§ 3.1 连通度和边连通度

基本概念；最小度、连通度和边连通度的关系

§ 3.2 2－连通图的性质

§ 3.3 网络的最大流

流的基本概念；最大流最小割定理；

Ford-Fulkerson 算法、最大流的应用

§ 3.4 Menger 定理

有向图的强连通性；Menger 定理（边、弧形式）；

Menger 定理（顶点形式）

知识拓展

习题 3

我们已定义了连通图的割点和割边,从定义知,如果图中有割点或者割边,那么删去它们就导致该图不连通,说明这个图的连通程度是很差的. 一个自然的问题是:如果连通图中不含割点和割边,那么要使它不连通,至少需要删去多少个顶点或者多少条边? 任意两顶点之间存在多少条内点(边)不交的路? 这个问题有很重要的应用,如通信网络的设计与维护.

本章将提出连通度概念,用来度量图的连通程度,这是图论中的最基本而重要的概念. 更进一步地,我们将介绍著名的 Menger(门格)定理,它不仅回答了上面的问题,而且还能导出图论及数学其他领域,如线性规划、矩阵论、组合数学中许多著名的结果. 值得一提的是,Menger 定理也是计算机和通信网络可靠性分析的基础.

§3.1　连通度和边连通度

在 §1.3 中,我们介绍了图的连通性概念. 现在考虑图 3.1 中的四个连通图.

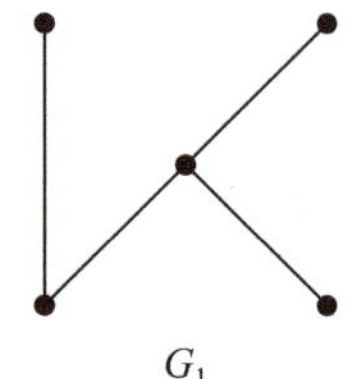

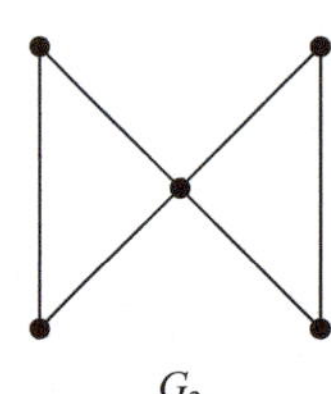

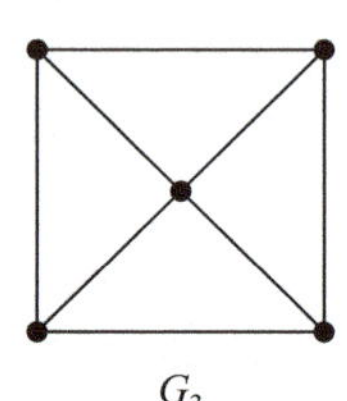

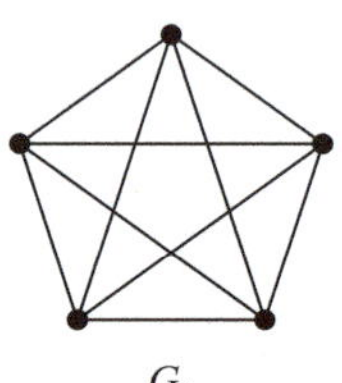

图 3.1　四个连通图

图 G_1 是一棵树,它的每一条边都是割边,因此删除任何一条边都会使得图不再连通;图 G_2 不能通过删除一条边来使它不连通,但可以通过删除一个顶点,即它的割点,使它不连通;图 G_3 中没有割边或割点存在,因此连通性比前两个图都好;但看起来,图 G_4 这个完全图显然比 G_3 要连接得好. 那么怎么样来判断一个图的连通程度呢? 本章引入两个参数:图的点连通度和边连通度,用来衡量图的连通程度.

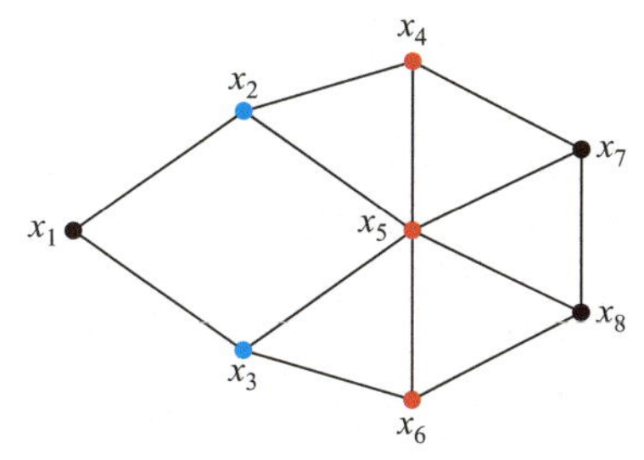

图 3.2 图 G 的分离集

1. 基本概念

给定图 G 和它的点子集 S,如果 $G-S$ 不连通,则称 S 为图 G 的**分离集**(separator);如果 S 是图 G 的一个分离集,而 S 减少任意一个顶点都不再是 G 的分离集,则称 S 是 G 的一个**极小分离集**. G 中含顶点数最少的分离集称为 G 的**最小分离集**. 图 G 的最小分离集的点数称为图 G 的**连通度**(connectivity),记为 $\kappa(G)$. 若 $\kappa(G)\geqslant k$,则称 G 为 k–**连通的**(k-connected).

图 3.2 中点集$\{x_4,x_5,x_6\}$为极小分离集,但它不是最小分离集;点集$\{x_2,x_3\}$为最小分离集,从而连通度 $\kappa(G)=2$.

特别地,n 阶完全图 K_n 的连通度定义为 $\kappa(K_n)=n-1$,不连通图的连通度定义为 0.

> 思考题 3–1 如果一个图是 k–连通的,那么它是 $(k-1)$–连通的吗?

类似地,设 $F\subseteq E(G)$,如果$G-F$ 不连通,则称 F 为图 G 的**边割集**,简称**割集**;如果 F 是 G 的割集,而 F 的任意真子集都不再是 G 的割集,则称 F 是 G 的**极小割集**,边数最少的割集称为 G 的**最小割集**. 定义图 G 的**边连通度**(edge connectivity)为最小割集的边数,即

$$\lambda(G)=\min\{|F|\,|F\subseteq E(G),F\text{是}G\text{的割集}\}.$$

若 $\lambda(G)\geqslant k$,则称 G 为 k–**边连通的**(k-edge connected). 特别地,$\lambda(K_n)=n-1$,不连通图的边连通度定义为 0.

例 3.1 求图 3.3 所示的图 G 和 H 的最小度、连通度和边连通度,并且对 G 和 H 分别说明这三者之间的大小关系.

解 对于图 3.3 所示的图 G 和 H,它们的最小度都是 4. 不难看出,图 G 的连通度和边连通度都等于 4,即 $\kappa(G)=\lambda(G)=4$. 所以 $\kappa(G)=\lambda(G)=\delta(G)$.

图 H 的连通度和边连通度分别为 $\kappa(H)=2,\lambda(H)=4$,所以 $\kappa(H)<\lambda(H)=\delta(H)$.

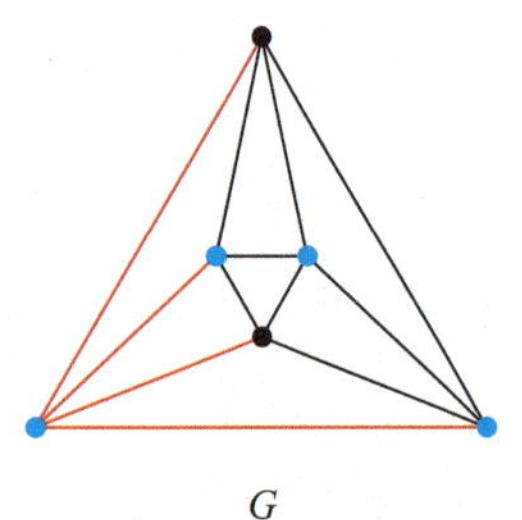

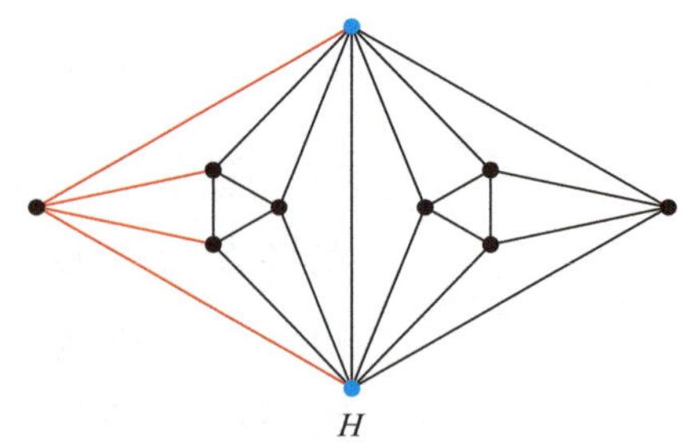

图 3.3　图 G 和 H

2. 最小度、连通度和边连通度的关系

图的最小度、连通度和边连通度有什么关系？下列定理给出了答案.

定理 3.1　设 G 是一个图，那么 $\kappa(G)\leqslant\lambda(G)\leqslant\delta(G)$.

证明　先证 $\lambda(G)\leqslant\delta(G)$. 设 $d(v)=\delta(G)$，则在图 G 中删去与顶点 v 关联的 $\delta(G)$ 条边后，G 就变成不连通图，故这 $\delta(G)$ 条边构成 G 的一个割集. 由边连通度的定义知，$\lambda(G)\leqslant\delta(G)$.

下面我们用数学归纳法证 $\kappa(G)\leqslant\lambda(G)$，对图的边连通度 $\lambda(G)$ 进行数学归纳. 对 $\lambda(G)=1$ 的图，G 连通且至少含有两个顶点. 若 G 仅含两个顶点，则显然 $\kappa(G)=2-1=1$；若 G 至少含三个顶点，设 $e=uv$ 是 G 的一条割边，则 u 或 v 必是割点，故 $\kappa(G)=1$. 总之，此时 $\kappa(G)=\lambda(G)=1$.

假设对所有 $\lambda(G)=k$ 的图，都有 $\kappa(G)\leqslant\lambda(G)$. 我们考虑 $\lambda(G)=k+1$ 的图 G，设 E_1 是它的一个有 $k+1$ 条边的割集. 任取边 $e=uv\in E_1$，令 $H=G-e$，我们考虑图 H，则 E_1-e 是图 H 的最小割集，故 $\lambda(H)=k$. 由归纳假设，$\kappa(H)\leqslant\lambda(H)$. 取 H 的最小分离集 T，则

$$|T|=\kappa(H)\leqslant\lambda(H)=k.$$

且 $T\cup\{u\}$ 构成 G 的一个分离集. 故

$$\kappa(G)\leqslant|T\cup\{u\}|\leqslant|T|+1\leqslant k+1=\lambda(G).$$

归纳完成，证毕. ■

定理 3.1 的证明

§3.2 2-连通图的性质

无割点的连通图称为**块**(block). 设 G 是一个图,H 是 G 的一个子图,若 H 本身是一个块,且它是 G 中具有此性质的极大子图,则称 H 是图 G 的一个**块**. 块是不含割点的极大连通子图,因此图 G 的每个块或者是一个极大 2-连通子图,或者是一条割边(连同其端点)或者是个孤立顶点. 反之,每个这样的子图是一个块.

由块的极大性知,G 的不同块至多在一个顶点处相重叠,这个顶点就是 G 的割点. 因此,图 G 的每一条边都属于唯一的块,且 G 是它的块的并.

思考题 3-2 你能说出图 3.1 中的四个图各有几个块吗? 当一个图有两个以上的块时,请指出这些块.

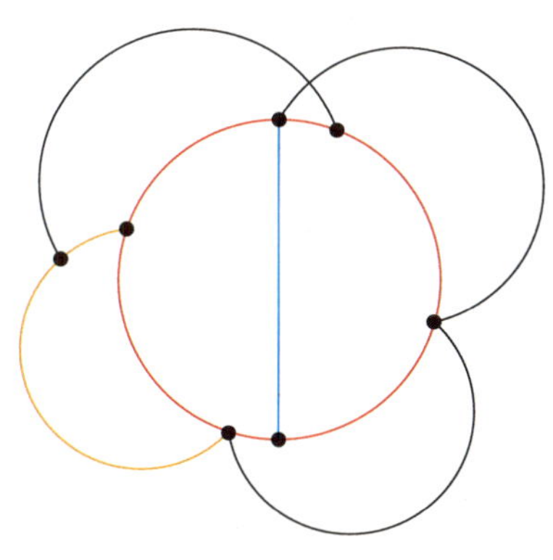
图 3.4 2-连通图的构造

最简单的 2-连通图是圈,其他的 2-连通图都可以由一个圈通过不断地添加路而得到,如图 3.4 所示. 首先我们定义 H-路如下:给定图 H,如果路 P 只与 H 在端点相交,则称 P 是一条 H-路. 由定义可知,最短 H-路的长度为 1,它是 H 外的一条边.

定理 3.2 一个图是 2-连通的当且仅当它可以从一个圈开始,通过在已构造的图 H 上连续地添加 H-路而得到.

证明 显然,每一个按照上述方法构造出来的图都是 2-连通的. 反过来,给定一个 2-连通图 G,则 G 包含一个圈,设 H 是 G 的按照上述方法构造(在图 H 上连续地添加 H-路)的极大子图. 由于任意一条边 $xy \in E(G) \setminus E(H)$,其中 $x, y \in V(H)$,将定义一条 H-路,故 H 是 G 的导出子图. 这样,若 $H \neq G$,则由 G 的连通性知存在一条边 vw 满足 $v \in G-H$,且 $w \in H$. 因为 G 是 2-连通的,所以 $G-w$ 包含一条从 v 到 H 的路 P. 于是,wvP 是 G 中的一条 H-路,且 $H \cup wvP$ 是 G 中比 H 更大的可构造子图,这与 H 的极大性矛盾. ■

注 强连通有向图也有类似的性质,感兴趣的读者可参阅文献[2].

§ 3.3　网络的最大流

当今社会物流配送成为经济发展和社会生活的重要问题之一，如何调配物流使花费的代价尽可能小，而又使运送的物质尽可能多？这就是网络流问题. 事实上，网络流问题已出现在社会经济生活的各个方面，如互联网的数据流、航空公司的日程安排等. 对于一个交通网络，如果用顶点表示站点、弧表示道路，弧权表示两个站点间道路的通过能力，那么求发货点到收货点的最大运输量即为网络的最大流问题.

1. 流的基本概念

给定有向网络 $N=(V,A,C)$，其中 C 的元素 c_{ij} 表示弧 $ij\in A$ 的容量，N 有一个发点 s 和一个收点 $t(s,t\in V)$. 令 x_{ij} 表示弧 ij 上的流量，并且称 $x=(x_{ij})$ 为网络的流. 设从 s 流出的流量为 k，则每条弧的流量满足

$$0\leqslant x_{ij}\leqslant c_{ij}. \tag{3.1}$$

另外，**流** $x=(x_{ij})$ 要遵守顶点守恒规则，即

$$\sum_j x_{ij}-\sum_j x_{ji}=\begin{cases}+k, & i=s,\\ 0, & i\neq s,t,\\ -k, & i=t.\end{cases} \tag{3.2}$$

方程 (3.2) 被称为**点守恒方程**. 它表示除顶点 s 和顶点 t 以外，对每个顶点 i，流入 i 的流量等于流出 i 的流量，而发点 s 和收点 t 分别具有值为 k 的出流和入流. 如果网络中每条弧上的流量都等于 0，则这个流称为**零流**.

满足 (3.1) 式和 (3.2) 式的流称为**可行流**，简称为 (s,t)-流. 流 x 的**流值**定义为 s 点发出的流量之和. **最大流问题**就是求一个可行流 $x^*=(x_{ij}^*)$，使得 k 达到最大值.

思考题 3-3　零流是可行流吗？

例如，图 3.5 所示的网络中，每条弧上有两个数值，前者表示该弧的容量，后者表示该弧的流量，比如弧 sa 上的标注 (3,1)，表示这条弧的容

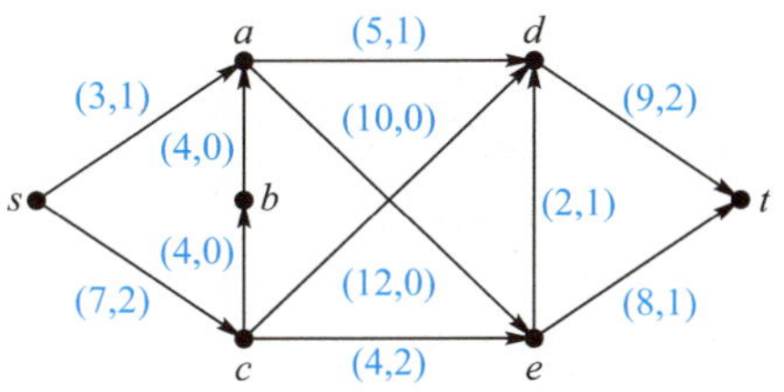

图 3.5 网络的可行流

量为 3,流量为 1. 可以检查这是一个可行流,从 s 点发出的流量之和为 3,即该流的流值为 3.

下面我们定义网络 N 中的增广路. 在网络 N 的底图中,设 P 是从 s 出发到 t 的(无向)路,那么在网络 N 中,P 上有些弧的方向与 s 到 t 这个方向一致,有些则相反. P 的一条弧 ij 称为**前向弧**,如果它的方向是从 s 到 t,否则称为**后向弧**. 给定流 $x=(x_{ij})$,如果对 P 的每个前向弧 ij 有 $x_{ij}<c_{ij}$,而对 P 的每个后向弧 ij,有 $x_{ij}>0$,则称 P 是关于流 x 的**增广路**.

不难看出,如果我们在增广路 P 的所有前向弧上增加一个单位流,而在所有后向弧上减少一个单位流,则得到的新流仍满足点守恒方程,但流值增大了!

例如在图 3.5 所示的网络中,我们取其底图的无向路 $P=sadcet$,那么 sa,ad,et 都是前向弧,而 ed 是后向弧. 容易检查,这是网络的一条增广路,我们在所有的前向弧上增加 1 个流量,在所有的后向弧上减少 1 个流量,那么新流仍满足点守恒方程,但流值增大了 1 个流量. 求最大流的基本思想就是设法找到这样的增广路,然后增加流值.

对于有向网络 N,我们定义**弧割**$(S,\bar{S})=\{xy\in A\mid x\in S,y\in\bar{S},S\subseteq V\}$;如果$s\in S,\ t\in\bar{S}$,则称之为 $(s,t)-$**割**. 我们定义弧割 $(S,\bar{S})$ 的**容量**为由 S 到 $\bar{S}$ 所有弧的容量和

$$C(S,\bar{S})=\sum_{i\in S}\sum_{j\in\bar{S}}c_{ij}.$$

容量最小的 $(s,t)-$割称为最小容量割,简称**最小割**.

图 3.5 中,如果 $S=\{s\}$,则 $(S,\bar{S})=\{sa,sc\}$,$C(S,\bar{S})=10$.

思考题 3-4 你能推导“网络的最大流值小于等于最小割的容量”这一论断吗?

2. 最大流最小割定理

现在我们给出网络流理论的三个主要定理,它们是下面将要介绍的网络流算法的基础.

定理 3.3(增广路定理) 一个可行流是最大流当且仅当不存在关

于它的从 s 到 t 的增广路.

证明 **必要性**是显然的,因为如果存在增广路,流就不是最大的.

充分性. 设 x 是一个不存在关于它的从 s 到 t 的增广路的流,设 S 是包含 s 的点集,使得对任意 $j\in S$ 存在从 s 到 j 的增广路,且对任意 $j\in\overline{S}$,不存在从 s 到 j 的增广路. 由 (3.2) 式并对 S 的所有顶点求和得

$$k=\sum_{i\in S}(\sum_{j}x_{ij}-\sum_{j}x_{ji})=\sum_{i\in S}\sum_{j\in S}(x_{ij}-x_{ji})+\sum_{i\in S}\sum_{j\in\overline{S}}(x_{ij}-x_{ji}).$$

上式的第一项为零;对于第二项,由于不存在关于 x 的从 s 到 t 的增广路的流,故对前向弧 ij ($i\in S, j\in\overline{S}$),有 $x_{ij}=c_{ij}$,对于后向弧 ji ($i\in S$, $j\in\overline{S}$),有 $x_{ji}=0$. 故

$$k=\sum_{i\in S}\sum_{j\in\overline{S}}\left(x_{ij}-x_{ji}\right)=\sum_{i\in S}\sum_{j\in\overline{S}}c_{ij},$$

即流的值等于割 $(S,\overline{S})$ 的容量. 又因

$$v\leqslant\sum_{i\in S}\sum_{j\in\overline{S}}c_{ij}=C\left(S,\overline{S}\right), \tag{3.3}$$

定理 3.3 的证明

从而流 x 是最大的,证毕. ■

定理 3.4 (整流定理) 如果网络中所有弧的容量是整数,则存在值为整数的最大流.

证明 设所有弧的容量都是整数,并对所有的 i 和 j,令 $x_{ij}^0=0$, $x^0=(x_{ij}^0)$. 如果 x^0 不是最大的,则由定理 3.3 知,存在关于 x^0 的从 s 到 t 的增广路,即 x^0 允许增广. 因为所有弧的容量都是整数,因此在每条增广路上可以增加整数值的流量,从而得到一个增大的整数流 $x^1=(x_{ij}^1)$. 如果 x^1 还不是最大的,可以增加整数值的流量,这样进行下去……用这个方法得到的每个可行流至少超过它前面的可行流一个整数单位,最后得到的不允许增广的可行流,就是值为整数的最大流. ■

定理 3.4–3.5 的证明

由定理 3.3 和 (3.3) 式,容易推得著名的最大流最小割定理.

定理 3.5 (最大流最小割定理) 一个 (s,t) – 流的最大值等于 (s,t) – 割的最小容量.

3. Ford-Fulkerson 算法

该算法由 Ford 和 Fulkerson (富尔克森) 在 1956 年给出,故简称 2F 算法. **算法思想**如下:从任意一个可行流 (例如零流) 出发,找一条从 s

到 t 的增广路,并在这条增广路上增加流值,于是便得到一个新的可行流. 然后在这个新可行流的基础上再找一条从 s 到 t 的增广路,再增加流值,这个过程一直继续下去,直到找不到从 s 到 t 的增广路为止. 由增广路定理,现行的流便是最大流.

算法的关键步骤是找一条从 s 到 t 的增广路,这个过程可以用**标号法**(对顶点进行标号)实现. 首先给 s 一个永久标号 $(-,\infty)$,在算法过程中顶点的状态有以下三种:

(1) 未标号;

(2) 标号未检查(相邻点需标号的还未标号);

(3) 标号并且检查过(相邻点需标号的已标号).

一个顶点 j 的标号由两部分组成,并取 $(+i,\ \delta(j))$ 和 $(-i,\ \delta(j))$ 两者之一. 对一个标号但未检查的顶点 i,做如下检查:

对每条弧 ij,如果 $x_{ij}<c_{ij}$ 且 j 未标号,则给 j 一个标号 $(+i,\ \delta(j))$,其中 $\delta(j)=\min\{c_{ij}-x_{ij},\delta(i)\}$;

对每一个弧 ji,如果 $x_{ji}>0$ 且 j 未标号,则给 j 一个标号 $(-i,\ \delta(j))$,其中 $\delta(j)=\min\{x_{ji},\delta(i)\}$.

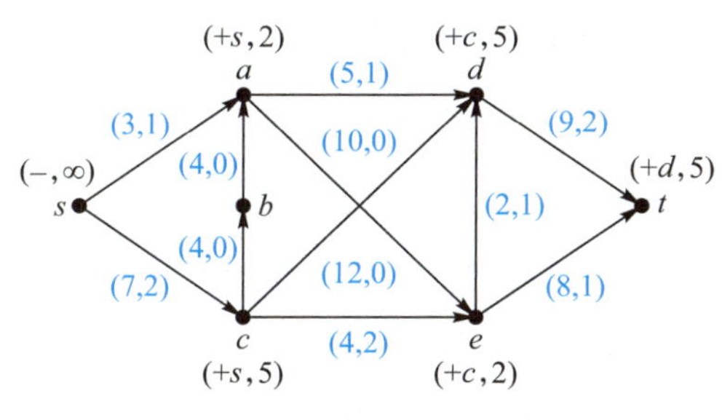

图 3.6　图 3.5 的标号

如果 t 得到标号,一条从 s 到 t 的增广路已被找到,且其流值可以增加 $\delta(t)$,否则不存在从 s 到 t 的增广路.

例如,我们可以给图 3.5 所示的网络进行标号,结果如图 3.6 所示. 并且找到了一条增广路 $s\to c\to d\to t$,通过这条增广路,网络的流值可以增加 5.

Ford-Fulkerson 算法

输入:有向网络 $N=(V,A,C)$,发点 s 和收点 t.

输出:网络 N 的最大 (s,t)-流.

第 1 步(开始)

令 $x=(x_{ij})$ 是任意可行流,可能是零流,给 s 一个永久标号 $(-,\infty)$.

第 2 步(找增广路)

(2.1) 如果所有标号点都已经被检查,转到第 4 步.

(2.2) 找一个标号但未检查的顶点 i,并做如下检查:

对每一条弧 ij,如果 $x_{ij}<c_{ij}$ 且 j 未标号,则给 j 一个标号 $(+i,\delta(j))$,其中 $\delta(j):=\min\{c_{ij}-x_{ij},\delta(i)\}$;

对每一条弧 ji,如果 $x_{ji}>0$ 且 j 未标号,则给 j 一个标号 $(-i,\ \delta(j))$,其中 $\delta(j):=\min\{x_{ji},\delta(i)\}$.

(2.3) 如果 t 已被标号,转到第 3 步;否则,转到 (2.1).

第 3 步 (增广)

由顶点 t 开始,使用指示标号构造一条增广路,指示标号的正负则表示通过增加还是减少弧的流量来增大流值. 抹去 s 点以外的所有标号,转到第 2 步.

第 4 步 (构造最小割)

这时现行流是最大的,若把所有标号点的集合记为 S,所有未标号点的集合为 $\overline{S}$,便得到最小容量割 $(S,\overline{S})$,计算完成.

我们来分析一下算法的时间复杂性. 设网络的弧数为 m,顶点数为 n,最大的弧容量为 c. 因网络的发点 s 的出弧不超过 $n-1$,故网络的最大流值至多为 $(n-1)c$. 如果所有弧的容量都是整数,那么运用 2F 算法沿增广路每次至少增加一个单位的流量. 因此找增广路的次数不超过 $(n-1)c$;而找一条增广路并增广流的计算量为 $O(m)$. 所以,总的计算量为 $O(mnc)$.

例 3.2 在图 3.5 所示的有向网络中,每条弧上有两个数值,前者表示该弧的容量,后者表示该弧的流量. 从网络中所给出的可行流开始,求从发点 s 到收点 t 的最大流.

解 网络中给出的流是可行流,这是因为:(1) 每条弧的流值都不超过容量,(2) 顶点 a,b,c,d,e 守恒,(3) 顶点 s 的出流值 $=3=$ 顶点 t 的入流值.

从现有的可行流开始,用 2F 算法找到增广路 $s\to c\to d\to t$,增加流值 5,sc,cd,dt 都是前向弧,流值各增加 5,如图 3.7 (b) 所示. 抹去点 s 以外的所有标号,继续用标号法找增广路.

我们找到增广路 $s\to a\to d\to t$,sa,ad,dt 都是前向弧,流值各增加 2,如图 3.7 (c) 所示. 抹去点 s 以外的所有标号,继续用标号法找增广路.

检查 s 点,其邻点都不能被标号,现行流即为最大流,流值为 10,

$S=\{s\}$, $\overline{S}=\{a,b,c,d,e,t\}$, $\{S,\overline{S}\}$为最小割，如图 3.7(d) 所示.

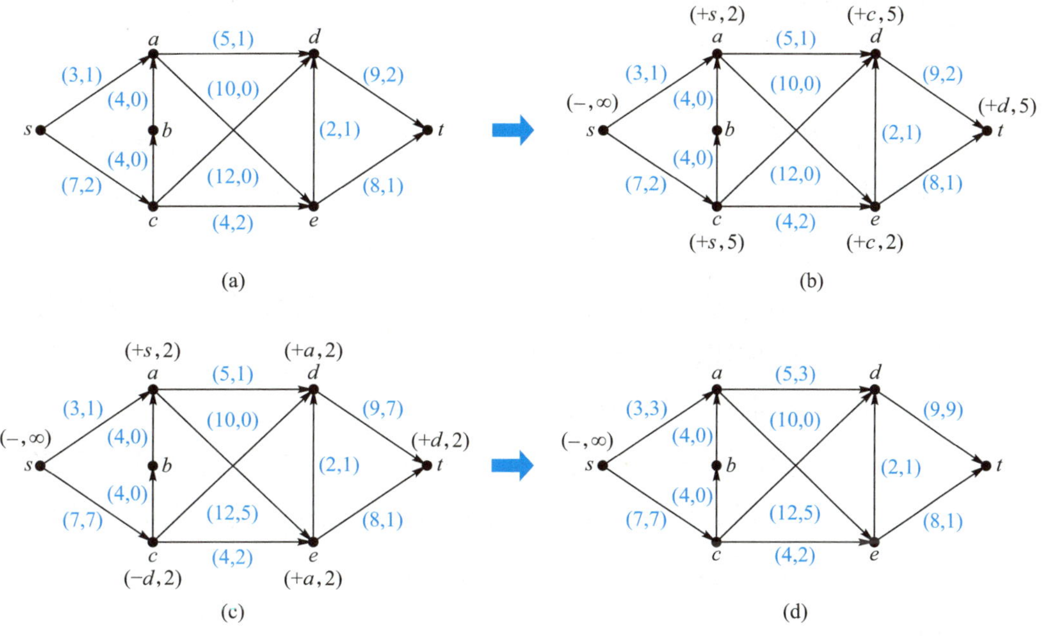

图 3.7 用 2F 算法求最大流

4. 最大流的应用

供应和需求 对于更一般的网络，它允许多个发点 $s_1,s_2,\cdots,s_p$，其供应量分别为 $a_1,a_2,\cdots,a_p$，多个收点为 $t_1,t_2,\cdots,t_q$，需求量分别为 $b_1,b_2,\cdots,b_q$. 且总供应量等于总需求量，这种网络称为**供需网络**.

这个问题可以转化为求网络的最大流问题. 我们构造一个新的网络如下：增加一个虚拟发点 s 和虚拟收点 t，并增加从 s 到每一个发点的弧 ss_i，以及每一个收点到 t 的弧 t_it，并且使弧 ss_i 的容量等于 a_i，弧 t_it 的容量等于 b_i. 这样就把原来的问题转化为只有一个发点 s 和一个收点 t 的问题，从而可以运用 2F 算法进行求解.

事实上，著名的运输问题是（最小费用）网络流的一个非常经典的实例. 在运输问题中，我们还知道从发点 s_i 到收点 t_j 的费用 c_{ij}，问题是如何安排最小费用运输方式，满足供需要求. 感兴趣的读者可以参阅相关的组合优化书籍，如 [40].

最大流最小割定理还可以用来证明 Menger 定理，这是下一节的部分内容.

§3.4　Menger 定理

设 x 和 y 是图 G 的一对顶点，G 中两两内部无公共顶点的 (x,y) – 路称为**内点不交的 (x,y) – 路**. 图的 k – 连通性的定义并不直观，因为它没有揭示出 k – 连通图的"连通特性"，而只是告诉我们需要至少 k 个顶点使图不连通. 本节将要给出的定义"**如果一个图的任意两个顶点之间都有 k 条内点不交的路相连，则它是 k – 连通的**"，不仅仅蕴含了上述定义，而且更具有描述性. 这两个定义其实是等价的，是同一性质的两个方面，这就是 Menger 定理，这个定理揭示了图的连通性能的两种度量之间的关系：删除顶点时图保持连通的能力和顶点间内点不交的路的数目. Menger 定理是图论中重要的基石之一，因此本章不仅介绍 Menger 定理的图与有向图版本，还介绍关于边（弧）连通性的版本，我们还将给出这几个定理的证明.

1. 有向图的强连通性

对于有向图 D 和它的点子集 S，如果 $D-S$ 不是强连通的，则称 S 为 D 的**分离集**. 有向图 D 的**连通度**定义为

$$\kappa(D)=\min\{|S|\,|\,S\text{ 是 }D\text{ 的分离集}\}.$$

若 $\kappa(D)\geqslant k$，则称 D 为 **k – 强连通的**（k – strong connected）.

类似地，有向图 D 的**弧连通度**定义为

$$\lambda(D)=\min\{|F|\,|\,F\subseteq A,D-F\text{ 非强连通}\}.$$

若 $\lambda(D)\geqslant k$，则称 D 为 **k – 弧强连通的**. 上述两个定义中当 $k=1$ 时，分别简称为强连通的和弧强连通的.

思考题 3 – 5　一个强连通图中是否一定含有圈呢？

我们进一步给出下列几个定义. 给定一个有向图 $D=(V,A)$，我们给 D 的每条弧赋权值 c_{ij} 并令 $C=(c_{ij})$. 这样得到**基于 D 的网络** $N=(V,A,C)$. 特别地，如果给每条弧赋权值 1，那么这个网络就称为**单位容量**

网络. 网络中的一条路和一个圈是指 D 的有向路和有向圈. 一条路(或一个圈) P **的路流**是具有这样性质的流 $f(P)=k$: 对于路(圈)上的弧,其权值均为 k. 下面的引理说明网络中的每个流可以被分解为几个较为简单的流,它不仅是一个非常好的数学结果,也是一个非常重要的算法过程.

引理 3.1 (Gallai (1958), Ford, Fulkerson (1962)) 令 N 是一个网络, s,t 分别是发点和收点. 那么 N 的每一个 (s,t)-流 f 都可以表示为一些 (s,t)-路流和一些圈流的和. 如果流 f 是整值的,那么这些路流和圈流也是整值的,并且这些路和圈的数目不超过 $n+m$.

2. Menger 定理(边、弧形式)

给定一个图(有向图) G 和它的一对顶点 x,y, 设 P,P' 是两条 (x,y)-路,如果它们没有公共边(弧),则称这两条路是**边(弧)不交的**. 以下边(弧)形式的 Menger 定理对于图和有向图都成立.

定理 3.6 (Menger, 1927) 设 G 是一个图(有向图), $s,t\in V(G)$, k 是一个正整数. 那么 G 有 k 条边(弧)不交的 (s,t)-路当且仅当从 G 中删除了任意 $k-1$ 条边(弧)后, s 仍然可以到达 t.

证明 必要性对于图和有向图都是显然的. 下面证明充分性.

我们首先考虑有向图,设 G 是满足删除任意 $k-1$ 条弧之后, t 仍可以从 s 到达的有向图,并设 N 是 G 的单位容量网络. 那么网络 N 中 (s,t)-割的最小容量至少是 k. 由定理 3.4(整流定理)和定理 3.5(最大流最小割定理)可知,存在其值至少为 k 的整数值 (s,t)-流. 再根据引理 3.1,这个流可以分解成一些 (s,t)-路流(可能还有一些圈流). 因为这些路流的所有容量都是 1, G 中必定存在至少 k 条弧不交的 (s,t)-路. 即充分性对于有向图是成立的.

为证无向图情形的充分性,设 G 是一个从中删除任意 $k-1$ 条边之后, t 仍可以从 s 到达的无向图. 此性质经过如下变换后依然为真: 将 G 的每一条边 $e=vw$ 替换为 5 条有向弧 $vx_e, wx_e, x_ey_e, y_ev, y_ew$, 其中 x_e 及 y_e 是两个新顶点(见图 3.8),于是得到一个有向图 G'. 由上面关于有向图的情形得知, G' 中有 k 条弧不交的 (s,t)-路,我们不难把这些路转化为 G 中的 k 条边不交的 (s,t)-路. ■

定理 3.6 的证明

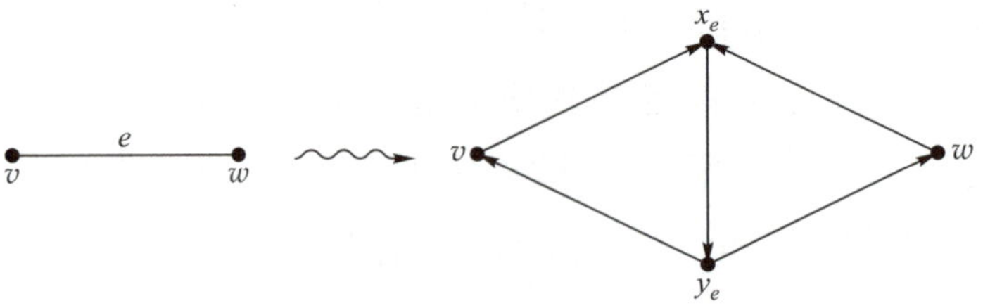

图 3.8　边的替换

由 k–边连通的定义和定理 3.6,立即可得 k–边连通的另一个定义.

推论 3.1　简单图 G 是 k–边连通的当且仅当任意两顶点至少被 k 条边不交的路所连.

3. Menger 定理(顶点形式)

定理 3.7(Menger,1927)　设 G 是一个图(有向图),设 s,t 是两个不相邻的顶点,k 是一个正整数. 那么 G 有 k 条内点不交的 (s,t)–路当且仅当从 G 中删除任意 $k-1$ 个(非 s 和 t)的顶点,s 仍然可以到达 t.

证明　必要性依然是平凡的. 对于有向图情形的充分性,我们可通过下面构造的新图然后利用定理 3.6 推出. 构造新的有向图 G' 如下:将 G 的每个顶点 v 替换为两个顶点 v', v'' 及一条弧 $v'v''$;G 的每一条弧 vw 替换为 $v''w'$. 如果在新的有向图 G' 中存在 $k-1$ 条弧,删去它们后使得 t' 不能从 s'' 到达,则在 G 中一定存在相应的一个点子集,它至多含 $k-1$ 个顶点且不含 s 和 t,从 G 中删掉这个点集后 t 不能从 s 到达. 并且 G' 中弧不交的 (s'',t')–路对应 G 中的内点不交的 (s,t)–路. 由定理 3.6,充分性得证.

定理 3.7 的证明

对于无向图情形的充分性,正如定理 3.6 的证明一样,可运用同样的构造方法变为有向图情形(见图 3.8),从而可证明结论成立. ■

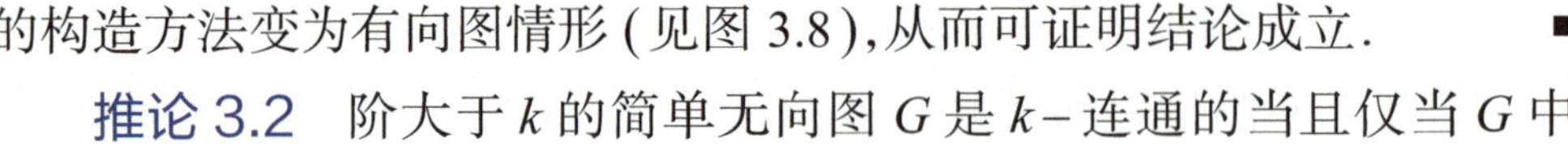

推论 3.2　阶大于 k 的简单无向图 G 是 k–连通的当且仅当 G 中任意两顶点至少被 k 条内点不交的路所连.

证明　设 G 是一个阶大于 k 的无向图. 充分性是显然的,这是因为假若 G 中存在至多有 $k-1$ 个顶点的点集,删去它后使 G 变为不连通图,则至少存在一对顶点,它们之间内点不交的路至多 $k-1$ 条,矛盾.

推论 3.2 的证明

反之,假设 G 是 k–连通的,如果 G 中某一对顶点 s,t 之间不存在 k 条内点不交的 (s,t)–路,则考虑如下两种情形:s 与 t 是否相邻. 由定理

3.7 可推得 s 与 t 是相邻的. 因为顶点 s,t 之间不存在 k 条内点不交的 (s,t) – 路,那么 $G-st$ 不存在 $k-1$ 条内点不交的 (s,t) – 路. 因而由定理 3.7 知, $G-st$ 中存在 $k-2$ 个顶点的集合 X,将其删除后使 s 与 t 分离. 设 $v\in V(G)\setminus(X\cup\{s,t\})$,则在 $(G-st)-X$ 中, v 不能从 s 到达或不能从 t 到达,不妨设前者成立. 那么 v 与 s 分别处于 $G-(X\cup\{t\})$ 的不同连通分支之中,而 $|X\cup\{t\}|=k-1$,这说明 G 不是 k – 连通的,矛盾. 必要性得证. ■

知识拓展

1. 现在我们继续讨论求最大流的 2F 算法. 如前所述,这个算法总的计算量为 $O(mnc)$,其中 c 为网络中最大的弧容量. 即算法的计算量并不完全依赖于问题的规模 (m,n),还依赖于其他参数. 我们把这种计算量是规模的多项式函数,但又依赖于其他参数的算法称作伪多项式算法. 2F 算法就是伪多项式算法.

幸运的是,最大流问题有多项式时间算法. 事实上,这个问题得到了充分的研究,比较经典的算法有 Edmonds-Karp (埃德蒙兹 – 卡普) 算法,其复杂度为 $O(m^2n)$; Dinic (迪尼奇) 算法,其复杂度为 $O(n^3)$; Goldberg-Tarjan (戈德堡 – 塔尔杨) 算法,其复杂度为 $O\left(n^2\sqrt{m}\right)$. 详细内容请参阅文献 [34]. 令人惊喜的是最近关于最大流问题的突破性进展:新算法快得离谱,计算机科学家组成的科研团队得到了一个近似线性时间的算法.

2. 最小费用流问题是寻找一个可行流,使得费用最小,例如前面提到的运输问题就是一种最小费用流,这是网络流的更深入的研究,有许多重要的应用,例如工作安排问题. 关于这个问题,在文献 [34] 的第 9 章专门进行了讨论.

习题 3

1. 求阶为 n 的路和圈 P_n 和 C_n 的连通度和边连通度.

2. 求 Petersen 图的连通度和边连通度.

3. 画一个 5 个顶点的竞赛图,使得它是强连通的;这个竞赛图的围长和周长分别是多少?

4. 你能否给完全图 K_5 定向,使得所得定向图是 2 – 强连通的? 这个定向图中有几个点不交的长为 5 的圈?

5. 图 3.9 (a) 的网络中，每条弧上的一对数字 (c_{ij}, x_{ij}) 分别代表弧的容量和流量，判断这个流是不是可行流，如果不是，找一个可行流. 并求网络的从 v_s 到 v_t 的最大流.

6. 验证图 3.9 (b) 的网络中所给流是可行流，并在此基础上求从 v_s 到 v_t 的最大流和网络的最小割.

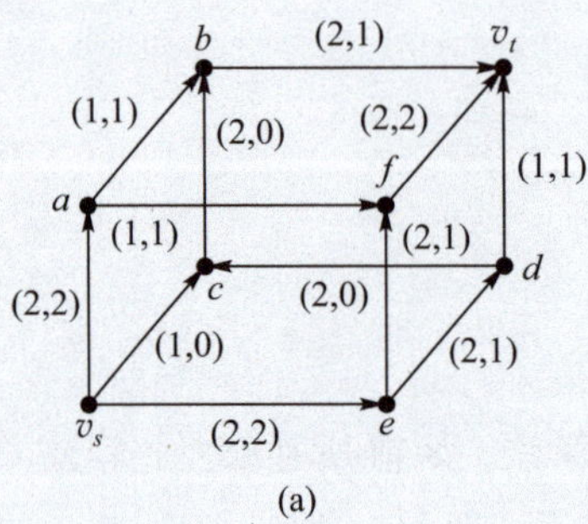

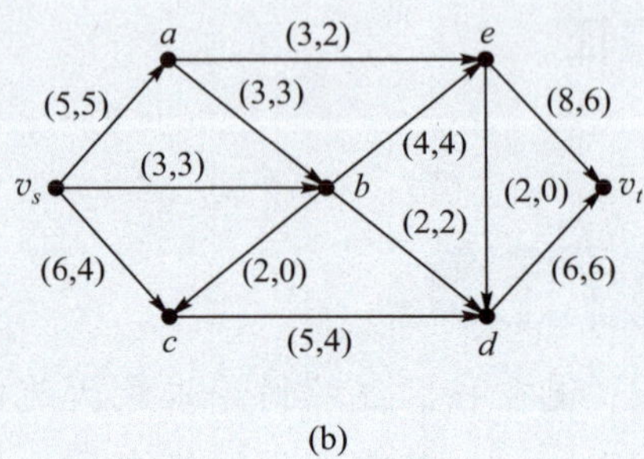

图 3.9　网络流

7. 构造一个连通度为 1 的 3－正则图.

8. 证明最大度至多为 3 的图 G 满足 $\kappa(G)=\lambda(G)$.

9. 证明对任何图都有 $\lambda(G)\leqslant 2m/n$.

10. 证明每一个 k－正则竞赛图是 k－弧连通的.

11. 证明如果一个阶为 n 的定向图 D 满足其出度和入度都至少为 $\lceil (n-1)/4 \rceil$，那么 D 是强连通的.

12. 证明推论 3.1 的有向图版本，即证明：有向图 D 是 k－弧强连通的当且仅当对任意的两个顶点 x,y，在 D 中都存在 k 条弧不交的 (x,y)－路.

13. 证明阶大于 k 的有向图 D 是 k－强连通的当且仅当对任意一对顶点 x，y，在 D 中都存在 k 条内点不交的 (x,y)－路.

14. 某奶业公司有三个生产基地 A_1，A_2，A_3，其产量分别为 15，25，5. 这些产品要运到 4 个销售地 B_1，B_2，B_3，B_4，其销量分别为 5，15，15，10. 试制定一个运输方案，使得所有产品都运到合适的销售地.

15. 有批旅行箱从产地 x_1，x_2 要通过如图 3.10 所示的交通网络运到销售地 y_1，y_2，y_3，其中，线上的数字表示两地之间的最大运输量，试设计一个运输量尽可能大的运输方案.

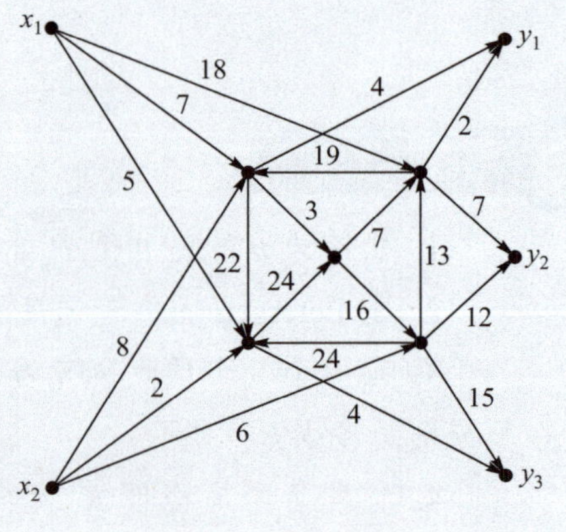

图 3.10　交通网络

第4章 匹配与因子

本章内容

§4.1 匹配的概念与性质

基本概念;最大匹配的充要条件

§4.2 二部图的匹配

§4.3 二部图的最大匹配算法

匈牙利算法的理论基础;求二部图最大匹配的匈牙利算法;二部网络的最小权完美匹配;稳定婚配问题

§4.4 图的完美匹配

Tutte 条件;3-正则图和完美匹配

§4.5 图的因子

知识拓展

习题 4

本章我们介绍匹配与因子相关内容. 图的匹配与因子问题是图论最早的研究课题，也是核心课题之一. 许多数学家都对因子进行了研究，并在此领域做出了突出贡献. 这里我们首先介绍下列三位数学家，然后 Tutte（塔特）的介绍将与 Tutte 定理放在一起，出现在本章 § 4.4 中.

图的因子研究及该领域数学家们的故事

Lovász（罗瓦兹）是 2021 年阿贝尔奖获得者，他对有度数限制的因子问题进行了刻画，推广了之前已有的一些结果. Lovász 局部引理（Lovász local lemma）是最重要的概率方法之一，在组合数学、计算机科学、统计物理等领域有深远的影响.

Szemerédi（斯泽梅雷迪）是 2012 年阿贝尔奖获得者，以表彰他"在组合数学和理论计算机科学中的根本贡献，并且为加性数论和遍历论带来了巨大且深远的影响"，并且赞扬他"将组合数学带入现代数学研究舞台的中心"，关于因子的 Hajnal-Szemerédi（哈伊纳尔–斯泽梅雷迪）定理是他的重要成果之一.

Alon（阿隆）是 2022 年邵逸夫奖获得者，以表彰他"对离散数学和模型论的非凡贡献，尤其是与代数几何、拓扑和计算机科学的相互影响". 他专注于广泛的离散数学，引进新方法，并取得重要成果，从而全面地影响了这个领域. Alon 的贡献也包括度条件下的因子和圈的存在性研究.

图的因子研究及该领域数学家们的故事

§ 4.1　匹配的概念与性质

匹配是社会中常见的现象，在婚姻中男女双方需要匹配，在市场上买方与卖方需要匹配，而图的匹配理论便是从这些现象出发，研究其性质并给出解决问题的方法.

1. 基本概念

在第 1 章，我们定义了图 G 的**匹配**（matching）是由 G 中一些不相邻的边组成的集合，常用 M 表示，有的书上也称为对集. 换句话说，如

果边集 M 中的任意两条边都没有公共顶点，则称 M 为图 G 的匹配. 对匹配 M 中的每条边 $e=uv$，其两端点 u 和 v 称为被 M 所匹配，而 u 和 v 都称为是 M – **饱和的**；M 之外的顶点称为 M – **非饱和的**.

图 G 的含边数最多的匹配称为 G 的**最大匹配**（maximum matching）. 如果图 G 中的每个顶点都是 M – 饱和的，则称 M 是 G 的**完美匹配**（perfect matching）.

例如，在图 4.1 (a) 中 $\{e_1, e_2\}$ 和 $\{e_1, e_2, e_3\}$ 都是 G 的匹配，但后者是最大匹配；在图 4.1 (b) 中 $\{e_1, e_2, e_3\}$ 是 G 的最大匹配，也是完美匹配.

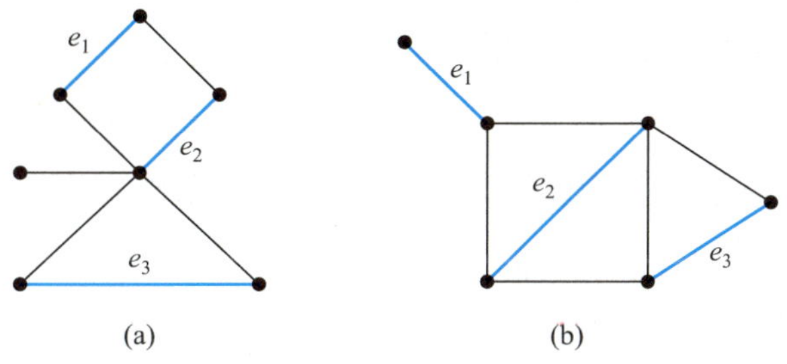

图 4.1 图 G 的匹配与完美匹配

注 (1) 图 G 的匹配 M 是 G 的一个子图，它的每个连通分支都是一条边，即每个顶点在 M 中的度都是 1；并且 M 的每个非空子集也是匹配.

(2) 完美匹配一定是最大匹配，反之不然.

为了得到图的最大匹配，我们还需要下列概念. 设 M 是图 G 的一个匹配，G 的一条 M – **交错路**（alternating path）是指其边在 M 和 $E(G)\setminus M$ 中交替出现的路. 如果 G 的一条 M – 交错路的起点和终点都是 M – 非饱和的，则称其为 M – **增广路**（augmenting path）.

我们可以通过 M – 增广路去构造一个更大的匹配，如图 4.2，P 是 G 的一条 M – 增广路，通过交换这条路上 M 的边和非 M 的边，可以得到 G 的一个更大的匹配 M'. 对于图的两个匹配 M 和 M'，定义它们的对称差为

图 4.2 图 G 的 M – 增广路

$$M \oplus M' = M \cup M' - M \cap M'.$$

例如，图 4.2 中匹配 M 和 M' 的对称差为左图路 P 的 3 条边：ad，db，be.

思考题 4-1　用 H 表示匹配 M 和 M' 的对称差的导出子图，即 $H=G[M \oplus M']$，那么 H 具有什么性质？它的最大度和最小度是多少？

2. 最大匹配的充要条件

下列定理给出了最大匹配的充要条件，这也是求最大匹配算法的基础.

定理 4.1（Berge，1957）　图 G 的一个匹配 M 是最大匹配的充要条件是 G 中不存在 M－增广路.

证明　必要性是显然的，因为如果图 G 中存在 M－增广路，那么通过交换这条路上 M 的边和非 M 的边，可以得到 G 的一个更大的匹配，这与 M 是最大匹配矛盾.

现在证明充分性. 假设图 G 中不存在 M－增广路，但 M 不是 G 的最大匹配，而 M' 是其最大匹配，则 $|M'|>|M|$. 我们构造这两个匹配的对称差，并令 $H=G[M \oplus M']$. 则 H 中每个顶点的度不是 1 就是 2，这是因为 H 中的每个顶点最多只能与一条 M 的边和一条 M' 的边关联. 因此，H 的每个连通分支或者是其边在 M 和 M' 中交错出现的偶圈，或者是其边在 M 和 M' 中交错出现的路. 又因为有 $|M'|>|M|$，所以 H 中必存在一个分支是路 P，它的起始边和终止边都属于 M'，即 P 的起点和终点在 G 中都是 M－非饱和的. 因此，P 是 G 的一条 M－增广路，这与定理条件相矛盾. 定理证毕.　■

§4.2　二部图的匹配

设 M 是二部图 $G=(X,Y)$ 的匹配，若 M 饱和 X 中每个顶点，则称 M **饱和** X. 以下是著名的婚姻定理，也称为 Hall（霍尔）定理.

定理 4.2（婚姻定理，Hall，1935） 设 $G=(X,Y)$ 是二部图，则 G 有饱和 X 的匹配当且仅当对 X 的任意子集 S，都有 $|N(S)|\geqslant|S|$，其中 $N(S)$ 表示 S 的邻集.

Hall 定理的条件有时也被称为"**婚配条件**"：假设一批小伙中的每一位都与一定数目的姑娘相识，问在什么条件下每位小伙都能与他认识的一位姑娘配对？**Hall 定理给出了解答：即必须要使任意一组 k 个小伙认识至少 k 个姑娘**. 然而"婚配问题"的提法最早却出自德国数学家 Weyl（外尔）的一篇文章. 鉴于婚姻定理的重要性，下面我们给出它的证明.

定理 4.2 的证明 **必要性**. 设 G 有饱和 X 的匹配 M，则对 X 的任意子集 S，因 S 的顶点在 M 下与 $N(S)$ 中某些顶点一一配对，故 $|N(S)|\geqslant|S|$.

充分性. 设 $G=(X,Y)$ 是二部图，并且对 X 的任意子集 S，都有 $|N(S)|\geqslant|S|$. 下面用反证法证明 G 有饱和 X 的匹配. 假如 G 中不存在饱和 X 的匹配，则 G 的最大匹配 M^* 不能饱和 X 的全部顶点. 设 u 是 X 的一个 M^*–非饱和点，并设

$$A=\{v\mid v\in V(G),\text{且 } u \text{ 到 } v \text{ 有 } M^*\text{–交错路}\}.$$

由于 M^* 是最大匹配，故由定理 4.1 知，u 是 A 中唯一的 M^*–非饱和点，如图 4.3 所示. 令 $S=A\cap X, T=A\cap Y$. 因为 $S\setminus\{u\}$ 中的顶点在 M^* 下与 T 中的顶点一一配对，故

$$|T|=|S|-1. \tag{4.1}$$

其次我们可以证明下式成立：

$$N(S)=T. \tag{4.2}$$

事实上，(4.2) 式可以通过证明 $T\subseteq N(S)$ 和 $N(S)\subseteq T$ 来完成. 首先，对 T 中每个顶点 t，从 u 到 t 有 M^*–交错路，在此交错路上，顶点 t 的前一个顶点必属于 S，且与顶点 t 相邻，因此 $t\in N(S)$，即 $T\subseteq N(S)$. 另一方面，对 $N(S)$ 中每个顶点 t，设 $s\in S$ 是它的邻点，若从 u 到 s 的 M^*–交错路经过 t，则该交错路的 (u,t) 段是 u 到 t 的 M^*–交错路，因此，$t\in T$；否则因 u 到 s 的 M^*–交错路上最后一条边必属于 M^*，故该交错路必可延伸为 u 到 t 的 M^*–交错路，因此，$t\in T$，从而 $N(S)\subseteq T$.

定理 4.2 的证明

由 (4.1) 式和 (4.2) 式,得$|N(S)|=|T|=|S|-1$,这与已知矛盾,证毕.

■

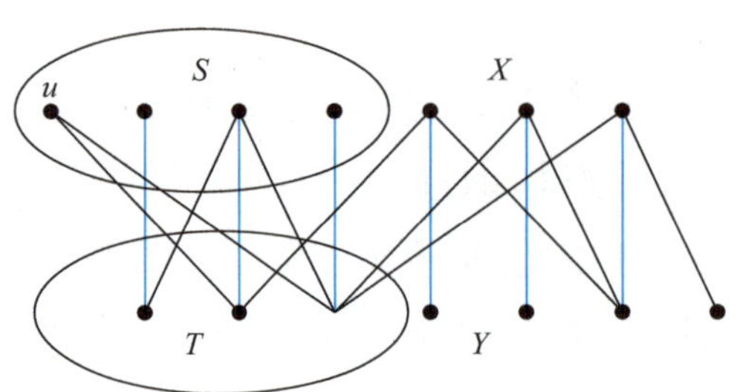

图 4.3　二部图 G 及集合 S 和 T

由 Hall 定理立即可得下列二部图中存在完美匹配的充要条件.

推论 (Frobenius (弗罗贝尼乌斯),1917)　二部图 $G=(X,Y)$ 有完美匹配的充要条件是$|X|=|Y|$,且对任意子集 $S\subseteq X$,均有 $|N(S)|\geqslant|S|$.

例 4.1　一个 k- 正则的二部图称为 k- 正则二部图. 设 $G=(X,Y)$ 是一个 k- 正则二部图,其中 $k\geqslant 1$. 证明 G 有完美匹配.

证明　我们将验证推论 4.1 的条件,并由此推得结论. 首先因为 G 是一个 k- 正则二部图,X 和 Y 中每个顶点的度都是 k,那么$k|X|=k|Y|$,即$|X|=|Y|$.

设 $S\subseteq X$ 为任意一个顶点子集,并设 E_1 和 E_2 分别表示与 S 和 $N(S)$ 关联的边集. 由 $N(S)$ 的定义知,$E_1\subseteq E_2$. 所以

$$k|N(S)|=|E_2|\geqslant|E_1|=k|S|.$$

因为 $k\geqslant 1$,这说明 $|N(S)|\geqslant|S|$,从而由推论 4.1 得,G 有完美匹配.

思考题 4-2　如果两个匹配没有公共边,则称它们为边不交的匹配. 那么一棵树最多有几个边不交的完美匹配?

匹配有非常重要的应用,如分派问题、时间表问题等. 经济学家们也在通过自己的努力优化各种现实生活中的匹配机制,让这个世界变得更有效率.

例 4.2　大学生求职问题　七名本科生 A、B、C、D、E、F、H 即将毕业,面临求职问题. 现有职位如下:会计 (a)、数据分析师 (b)、编辑 (c)、程序员 (d)、记者 (e)、秘书 (f) 和教师 (h). 七名本科生提交的申请情况为

$A:b,c$; $B:a,b,d,f,h$; $C:b,e$; $D: b,c,e$;

$E:a,c,d,f$; $F:c,e$; $H:d,e,f,h$.

请问每名同学都能找到他所申请的工作吗?

解 这个问题可被表示为图 4.4 中的二部图 G,其中一个分部 $X=\{A,B,C,D,E,F,H\}$ 代表学生,另一个分部 $Y=\{a,b,c,d,e,f,h\}$ 代表职位. 如果 x 申请工作 y,我们就将 X 中顶点 x 与 Y 中顶点 y 相连.

对于子集 $S=\{A,C,D,F\}$,我们有 $N(S)=\{b,c,e\}$. 因为 $|N(S)|<|S|$,根据定理 4.2,不存在大小为 7 的匹配. 因此,问题的答案是否定的,也就是说集合 S 导致匹配是不可能的.

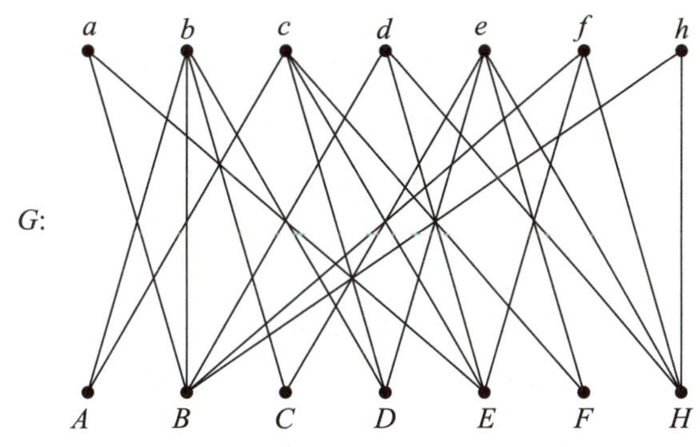

图 4.4 求职问题的二部图模型

§4.3 二部图的最大匹配算法

现有 n 个人员 $x_1,x_2,\cdots,x_n$ 从事 n 项工作 $y_1,y_2,\cdots,y_n$. 已知每个人能胜任其中一项或几项工作. 试问:能否给每个人分配一项他所胜任的工作? 若能,如何求出这种分配方案? 这个问题称为**指派问题**(assignment problem).

构造一个二部图 $G=(X,Y)$: $X=\{x_1,x_2,\cdots,x_n\}$, $Y=\{y_1,y_2,\cdots,y_n\}$, 当且仅当 x_i 胜任工作 y_j 时,$x_iy_j\in E(G)$. 那么问题转化为 G 中是否有完美匹配(如图 4.5). 若有,如何求之? 又或者说,如何求二部图 G 中一个有尽可能多边的匹配,即最大匹配? 下面介绍的匈牙利算法可以解决这个问题.

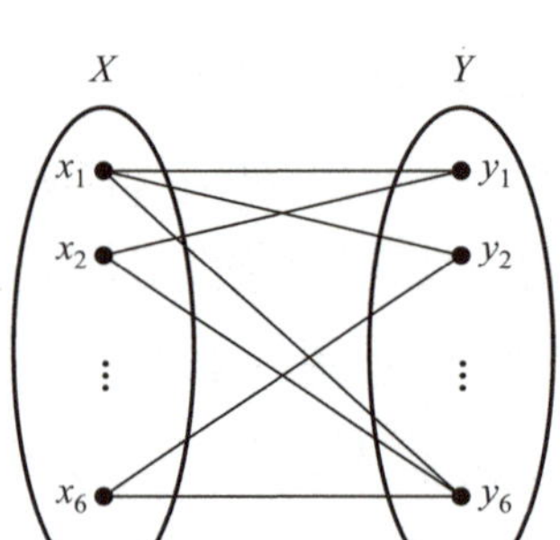

图 4.5 当 $n=6$ 时指派问题的二部图模型

1. 匈牙利算法的理论基础

这个算法的理论基础是定理 4.1 (也称为 Berge 定理),即匹配 M 是最大匹配的充要条件是不存在 $M-$增广路. 其基本思路是:设 $G=(X,Y)$ 是一个二部图,从 G 的任意一个匹配 M 开始,若 M 饱和 X 的所有顶点,则 M 是 G 的最大匹配;否则,由 X 的 $M-$非饱和点出发,用标号法搜索一条 $M-$增广路 P. 若 P 存在,则通过交换 P 在 M 和不在 M 中的边,便得到一个其边数增加 1 的匹配,然后从新的匹配开始,继续迭代. 若 P 不存在,则现行的匹配就是 G 的最大匹配. 为简便起见,对于给定的 M,我们省略 $M-$饱和点和 $M-$非饱和点中的 M,而分别称为饱和点和非饱和点.

为了便于理解,在给出算法之前,我们先讨论一下算法的过程. 对于给定的二部图 G 和一个匹配 M,定义 $M-$交错树如下:

(1) 树包含 X 中的一个非饱和点,这个点称为树根;

(2) 根和树的其他顶点之间的所有路都是 $M-$交错路.

算法由任意一个匹配出发(可能是空集),X 中的非饱和点都取为一个交错树的根,我们采用标号法增加交错树的顶点和边. 最后我们得到:

(1) 在 Y 中的一个非饱和点加到一棵树上. 这种情况下我们找到 $M-$增广路,从而通过把路上不在 M 中的边加入 M,而把路中在 M 中的边从 M 中删去来增广 M;

(2) 不能再加顶点和边到任何交错树上. 这种情况说明不能找到 $M-$增广路,即现有的匹配就是最大匹配,现有的交错树称为匈牙利树,算法结束.

2. 求二部图最大匹配的匈牙利算法

输入：二部图 $G=(X,Y)$.

输出：G 的一个最大匹配.

第 1 步　任取图的匹配 M，可能是空集，这时没有点被标号.

第 2 步（标号）

(2.0) 在 X 中，每个非饱和点给以标号“$\varnothing$”.

(2.1) 如果不存在未检查的标号点，转向第 4 步；否则，找一个具有未检查的标号点 i，如果 $i\in X$，转向 (2.2)；如果 $i\in Y$，转向 (2.3).

(2.2) 检查顶点 i 的标号如下：对每个同顶点 i 关联的边 ij，除非 j 已经被标号，否则给顶点 j 标号“i”，转向 (2.1).

(2.3) 检查顶点 i 的标号如下：如果顶点 i 是非饱和点，转向第 3 步；否则辨认同顶点 i 关联的属于 M 的唯一边 ij，给顶点 j 标号“i”，转向 (2.1).

第 3 步（增广）　终止于 i 的一条增广路被找到，反方向追踪辨认在路上顶点 i 的前点，路的起始点有标号“$\varnothing$”. 通过把路上不在 M 中的边加入 M，而把路上在 M 中的边从 M 中删去来增广 M，抹掉所有标号，转回 (2.0).

第 4 步（匈牙利标号）　这时没有增广路存在，M 是最大匹配.

现在我们来讨论匈牙利算法的复杂度. 设 $|X|=n_1,|Y|=n_2$ 且 $n_1\leqslant n_2$，算法每找到一条增广路，匹配就增加一条边，故最多需要找 n_1 次增广路. 另外找一条增广路标号最多进行 $O(n_1n_2)$ 次. 因此匈牙利算法的时间复杂度为 $O(n_1^2n_2)$.

注　对于求二部图最大匹配的算法，Hopcroft（霍普克罗夫特）和 Karp 给出了复杂度为 $O(n^{2.5})$ 的好算法，这里 n 是二部图的阶，感兴趣的读者可参阅文献 [67].

例 4.3　求图 4.6 所示的二部图 G 的最大匹配，初始匹配为 $M=\{x_1y_1,x_2y_2,x_3y_3\}$.

解　求解过程如图 4.7 所示，从初始匹配 $M=\{x_1y_1,x_2y_2,x_3y_3\}$ 出发，用匈牙利算法第一次找到增广路 x_4y_5，并把这条边添加到 M 中；在此基础上继续用匈牙利算法找到增广路 $x_5y_5x_4y_3x_3y_4$，通过交换在 M 中的边

和不在 M 中的边而增广，得到匹配 $M=\{x_1y_1,x_2y_2,x_3y_4,x_4y_3,x_5y_5\}$，此时已得到了图 G 的完美匹配，算法停止.

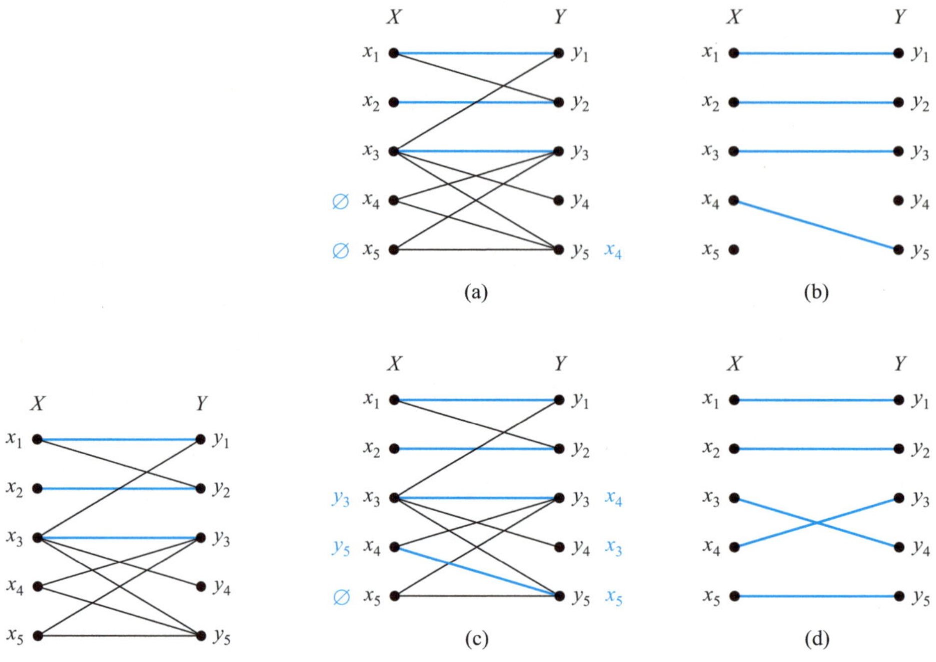

图 4.6　二部图 G 和初始匹配 M

图 4.7　用匈牙利算法求二部图的最大匹配

3. 二部网络的最小权完美匹配

在本节开头部分所说的指派问题中，如果每个人完成各项工作的时间不一样，我们就得到带权的分派问题. 为了清楚起见，我们把问题重述如下：假定有 n 项任务分配给 n 个人去完成，并指定每人完成其中一项，每项只交给其中一个人去完成，已知第 i 个人完成第 j 项任务需要的时间为 $c_{ij},i=1,\cdots,n,j=1,\cdots,n$. 问：应如何分配任务使所花费的总时间最短？

这个问题可以抽象为一个带权的二部图，即二部网络的最小权完美匹配问题，可以改进之前的匈牙利算法来进行求解. 我们将在本章末的“知识拓展”中进行更详细的讨论.

如果把上述指派问题中“第 i 个人完成第 j 项任务需要的时间”改为“第 i 个人完成第 j 项任务的效率”，则我们需要解决的问题是如何分配使得总的效率最高，这是一个最大权完美匹配问题，也具有广泛的应用背景. 事实上，这两个问题，即最大权完美匹配问题和最小权完美匹配问题,是可以互相转化的.

4. 稳定婚配问题

有 n 个男孩和 n 个女孩,每个男孩对这些女孩的喜爱程度用权表示,每个女孩对这些男孩的喜爱程度也用权表示. 这个问题可以用二部网络来表示. 一个婚姻的匹配就对应这个二部网络的一个完美匹配.

婚配的稳定:如果在婚姻匹配 M 中,男孩 A 和女孩 B 没有婚配,但他们都更倾向对方,那么 A,B 称为**受阻对**. 如果婚姻匹配存在受阻对,那么我们说婚姻是不稳定的;如果不存在受阻对,则称为稳定婚配.

最好的配对方案当然是,每个人的另一半正好都是自己的“第一选择”. 这虽然很完美,但绝大多数情况下都不可能实现. 比方说,男 1 号最喜欢的是女 1 号,而女 1 号的最爱不是男 1 号,这两个人的最佳选择就不可能被同时满足. 如果好几个男孩最喜欢的都是同一个女孩,这几个男孩的首选也不会同时得到满足. 当这种最为理想的配对方案无法实现时,怎样的配对方案才能令人满意呢?

1962 年,美国数学家 Gale(盖尔)和 Shapley(沙普利)发明了 Gale-Shapley 算法,利用这个算法可以求解得到稳定婚配. 该算法可以用通俗的语言描述如下:首先,所有的男孩都向自己最爱的女孩求婚,每个女孩选择其中她最爱的那个男孩订婚. 算法过程中对没有订婚的男孩进行落选标记,称其为自由男. 当存在自由男时,进行以下操作: (1) 每一位自由男在所有尚未拒绝他的女孩中选择一位他最喜欢的; (2) 每一位女孩将正在追求她的自由男与其当前男友进行比较,选择其中排名优先的男士作为其男友,即若自由男优于当前男友,则抛弃其男友;否则保留其男友,拒绝自由男; (3) 若某男士被其女友抛弃,则重新变成自由男.

不管男女各有多少人,也不管他们的偏好如何,应用这种算法的策略后总能得到一个稳定的匹配. 有趣的是,这种策略反映了现实生活中的很多真实情况,因此,Gale-Shapley 算法在实际中有很多重要的应用. Shapley 与 Roth(罗斯)获得了 2012 年诺贝尔经济学奖,“以鼓励他们在稳定配置理论及市场设计实践上所作出的贡献”.

§4.4　图的完美匹配

本节研究图的匹配问题,在 1947 年 Tutte 提出了完美匹配存在的充要条件,故称为 Tutte 条件,也称为 Tutte 定理.

Tutte 的故事

Tutte 是图论中最著名的数学家之一,当他发现 Tutte 定理的时候只是一名研究生. Tutte 18 岁时进入剑桥大学的三一学院,主修化学,尽管那不是他最喜欢的科目. 他的大学生涯被第二次世界大战打断,在 1941 年 1 月,Tutte 被邀请去了英国的一个密码破译组织,在这年的 10 月,Tutte 接触到了来自柏林的机器密码信息,即鱼密码. 鱼密码用于高层间的交流. 随着信息样本的大量获知,Tutte 发现了生成这些密码的密码机结构. Tutte 的工作被称为“整个战争中最具才智的功绩”. 二战结束后,Tutte 作为数学专业的研究生返回剑桥,并完成了他的博士学业. 在毕业之前,他确定了一个图(二部的或非二部的)有完美匹配的条件.

Tutte 的故事

图 G 的含有奇数个顶点的连通分支称为 G 的**奇分支**. G 的奇分支的个数(简称奇分支数)用 $o(G)$ 表示. 显然,如果 G 有完美匹配,则对其所有的顶点子集 S,都有 $o(G-S)\leqslant|S|$,这是完美匹配的必要条件. 即 $G-S$ 的奇分支数不多于 S 的点数,这是因为每个奇分支中至少有一个顶点需要与 S 中的顶点匹配. 事实上,这个必要条件也是充分条件.

1. Tutte 条件

定理 4.3(Tutte,1947)　图 G 有完美匹配的充要条件是对任意的顶点子集 S,都有 $o(G-S)\leqslant|S|$(这里 $|S|$ 表示集合 S 的顶点数).

如图 4.8 所示的是三个奇分支的 Tutte 条件. 鉴于这个定理证明的难度,我们这里就不给出定理的证明,感兴趣的读者可参阅文献[19,20].

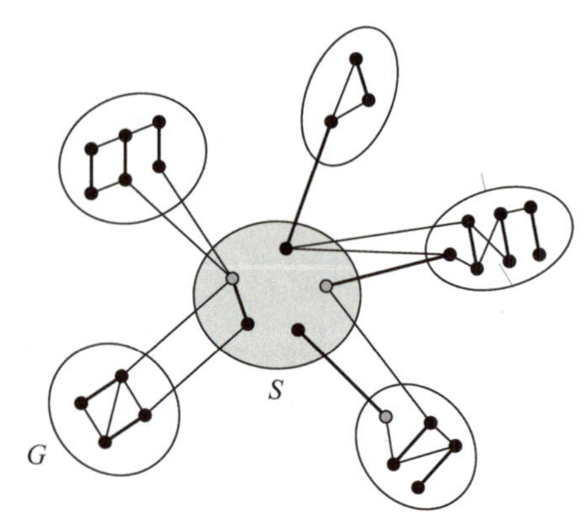

图 4.8　三个奇分支的 Tutte 条件

2. 3-正则图和完美匹配

首先我们回顾一下正则图的定义,一个 k-正则图是每个顶点的度都等于 k 的图. 显然,1-正则图本身就是一个完美匹配;稍微思考一下我们就会发现,一个 2-正则图有完美匹配当且仅当它的每个连通分支都是一个偶圈;3-正则图也叫立方图,它的结构美妙且有许多重要的性质,如图 4.9 的 (a) 和 (b) 分别称为砖 (brick) 和六面体 (hexahedron);如图 4.10 的 (a) 和 (b) 都是有名的立方图,它们是数学家在研究立方图的一些性质时构造出来的.

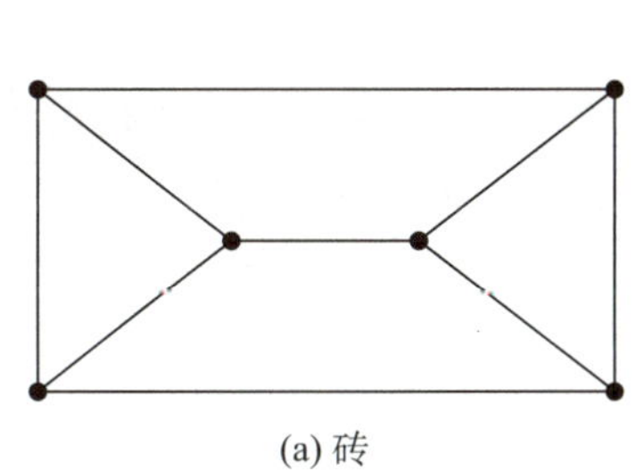

(a) 砖

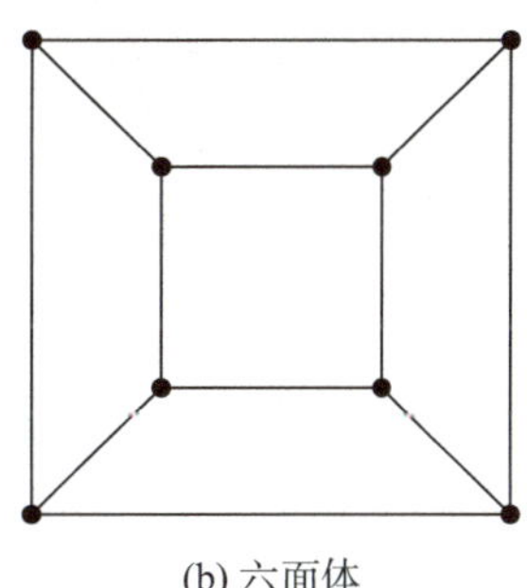

(b) 六面体

图 4.9 立方图

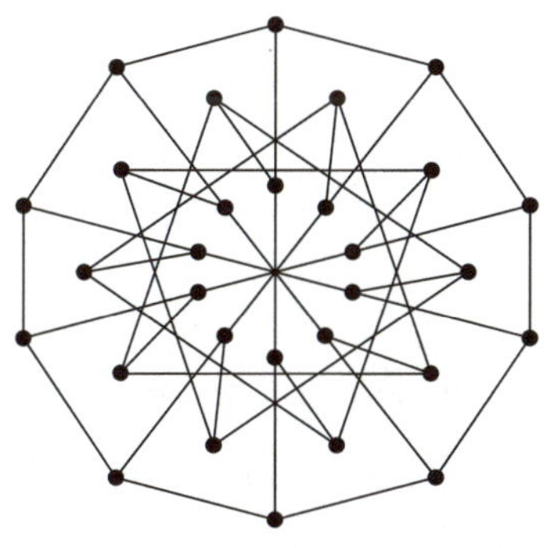

(a) Tutte-Coxeter (塔特-考克斯特) 图

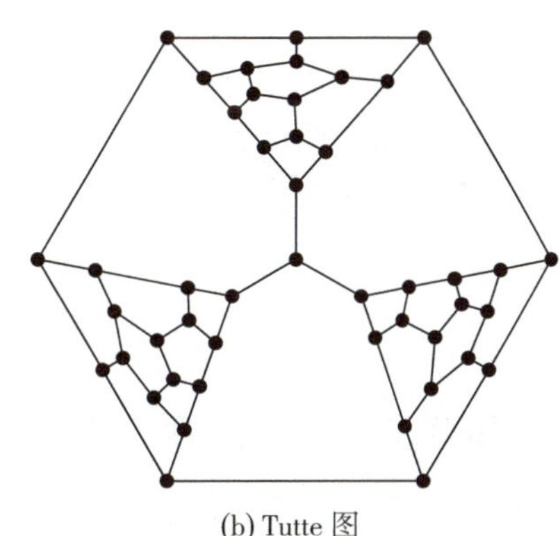

(b) Tutte 图

图 4.10 立方图

一个 3-正则图是否有完美匹配呢? 这个问题就复杂多了,有些立方图有完美匹配,有些则没有. Petersen,也就是我们在第 1 章介绍的 Petersen 图的创造者,是最早研究完美匹配的学者,他在 1891 年写了关于纯粹图理论的第一篇文章"正则图理论",证明了一个用他名字命名的定理,即定理 4.4. 本书通过验证 Tutte 条件来证明这个定理.

定理 4.4 (Petersen, 1891) 2-边连通的 3-正则图有完美匹配.

证明　我们验证任何一个 2 – 边连通的 3 – 正则图 G 都满足 Tutte 条件. 给定图的顶点子集 S,考虑 $G-S$ 的奇分支 C,它有奇数个顶点,且每个点的度为 3. 又因为 G 是 2 – 边连通的,所以

$$|E(C,S)|=\sum_{v\in V(C)}d(v)-2E(C)\geqslant 3,$$

再者 G 是 3 – 正则的,从而 S 中每个顶点的度为 3,故

$$3|S|\geqslant|E(G-S,S)|\geqslant 3o(G-S).$$

从而 $o(G-S)\leqslant|S|$,即图 G 满足 Tutte 条件. 由 Tutte 定理(定理 4.3)知,图 G 有完美匹配,证毕. ■

思考题 4 – 3　有割边的 3 – 正则图是否有完美匹配? 如果有,说明为什么;如果没有,你能否找出反例?

注　求图的完美匹配和网络的最小权完美匹配的算法将在本章末尾“知识拓展”说明.

§4.5　图的因子

图 G 的一个支撑子图 H 称为 G 的因子,如果 H 满足:对 G 的任一顶点 x 都有 $d_H(x)=k$,那么 H 称为图 G 的 k – **因子**. 当 $k=1$ 时,H 称为图 G 的 1 – 因子,也就是前面研究的完美匹配;当 $k=2$ 时,H 称为图 G 的 2 – 因子. 易见 2 – 因子的每个连通分支都是一个圈. 与 1 – 因子问题一样,一个图是否存在 2 – 因子是 P – 问题. 但是如果我们想约束 2 – 因子中圈的个数,甚至圈的长度,这个问题就变成了 NP – 完全问题. 陈冠涛等证明了对于任意自然数 k 和每个阶为 $n(n\geqslant 4k-1)$ 的图,如果任意一对不相邻点的度和都大于等于 n,则该图有一个 2 – 因子使得其圈数恰为 k[10]. 以下是关于这个问题的一个著名的猜想.

El-Zahar 猜想 对于图 G 的阶 n 的任意划分 $n=n_1+n_2+\cdots+n_t$，其中 $n_i\geqslant 3$ 为整数，如果 $\delta(G)\geqslant[n_1/2]+[n_2/2]+\cdots+[n_t/2]$，那么 G 有一个 2–因子使得每个圈长分别为 $n_1,n_2,\cdots,n_t$.

这个猜想当图的阶为充分大时已经解决；一些特殊情况也已成立，比如圈数为 2、或圈的长度有一定限制等；但这个猜想至今还没有被完全解决. 汪泓、王赟和颜谨解决了这个问题的有向图版本[61]. 对这个领域感兴趣的读者可参阅文献 [13].

如果把 2–因子中的每个圈都换成一个完全图 K_r，则得到一个 K_r–因子. Hajnal-Szemerédi 定理给出了阶为 n 的图有 K_r–因子的条件是 $\delta(G)\geqslant(r-1)n/r$. Shuya Chiba、江素云、颜谨等做了进一步研究，请参阅文献 [14].

我们进一步定义图 G 的 (g,f)–因子如下：如果 H 满足 $g(x)\leqslant d_H(x)\leqslant f(x)$，其中 g 和 f 是定义在 $V(G)$ 上的整数值函数. Lovász 对这类因子问题进行了刻画，一些资深的学者和数学家在此领域都进行了深入的研究，比如刘桂真和于青林就一起合作研究并发表了多篇论文，详细内容可参阅专著 [75].

上述关于图的因子问题和子图问题是图论研究的前沿课题，得到了许多学者的关注，正是由于这些数学家致力于图论研究工作，才使得图论领域的研究有了爆炸式增长，达到了一个前所未有的高度，使得人们对图论有了更广泛而深刻的认识，并在其他各个学科产生了更重要的应用.

知识拓展

1. 最小权完美匹配问题是最经典的组合优化问题之一，它的历史甚至可能要追溯到 1784 年 Monge（蒙日）的工作. 二部图最小权匹配问题也可采用网络流方法求解，其复杂度为 $O(nm+n^2\log n)$，这是目前为止最快的算法.

2. 对于求一般图的最大匹配，Edmonds 在 1965 年给出了复杂度为 $O(n^3)$ 的算法. 对于一个网络的最小权完美匹配，Edmonds 首先给出一个算法，其后 Gabow 和 Lawler（劳勒）在 $O(n^3)$ 的时间内实现了该算法，更快的算法已由 Gabow 和 Tarjan 给出.

3. 为了在高速骨干通信网络中设计高性能路由器调度算法，人们已经研究并提出了二部图最大匹配和最小权匹配的若干快速启发式算法，详细内容请参阅文献[27,34].

4. 匹配理论的研究内容非常丰富，研究历史悠久，感兴趣的读者可以查阅关于匹配与因子的专著[45,75].

习题 4

1. 求图 4.9 中立方图的最大匹配，它们是否是完美匹配？

2. $K_{3,3}$ 有多少个边不交的完美匹配？你能求出这些完美匹配吗？

3. $K_{n,n}$ 有多少个边不交的完美匹配？

4. 树有完美匹配的必要条件是什么？充分条件是什么？是否有充要条件？你能说明理由吗？

5. Petersen 图是否有完美匹配？说明理由.

6. 我们由完全图 K_4 构造一个新图如下：把 K_4 的每条边用一条长为 2 的路代替（即在每条边上插入一个顶点），得到阶为 10 的图 G. 试问图 G 是否有完美匹配？说明理由.

7. 两人在图上做游戏，交替选择不同的顶点 1,2,…，使得对每个 $i>1$，i 与 $i-1$ 相邻，选择最后一个顶点的人获胜. 证明第一个选点的人有获胜的策略当且仅当图没有完美匹配.

8. 证明两个匹配的对称差是一些路和偶长圈的集合.

9. 用匈牙利算法求图 4.11 所示二部图 $G=(X,Y)$ 的最大匹配，其中初始匹配为 $M=\{x_2y_2,x_3y_3,x_5y_5\}$.

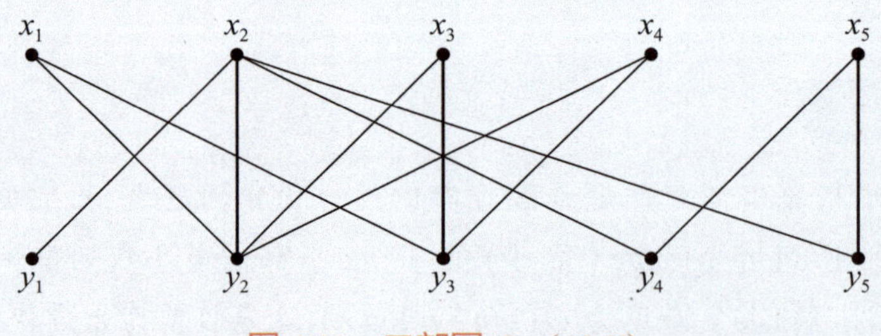

图 4.11　二部图 $G=(X,Y)$

10. 某高校的辅导员联系了许多企业的主管，希望能为 6 名学生找到一份实习工作，有 6 家企业都愿意提供一个职位给对企业有兴趣的学生，这 6 家企业涉及的领域有建筑、银行、金融、大数据、电子、设计. 6 名学生申请的企业为小李：建筑公司，银行，金融公司；

小王：设计公司，电子公司，金融公司；

小宋：建筑公司，银行，大数据公司，设计公司；

小祁：建筑公司，银行，大数据公司；

小张：设计公司，电子公司，金融公司；

小周：建筑公司，银行，大数据公司.

(1) 此问题如何用一个图来表示？

(2) 每个学生都能够找到他们申请的实习工作吗？

11. 两个人玩一个游戏：在某个固定的图 G 中，他们交替地构造一条路，如果 $v_1v_2\cdots v_t$ 是到目前为止已经构造的路，下一个游戏者就要找到一个顶点 v_{t+1} 使得 $v_1v_2\cdots v_tv_{t+1}$ 还是一条路，不能进一步延长这条路的游戏者就输掉了这局游戏. 对什么图 G，第一个游戏者有一个必胜策略；对什么图，第二个游戏者必胜呢？

12. 设 G 是有两条割边的 3 - 正则图，证明 G 有完美匹配.

13. 证明由 Tutte 定理可以得出 Hall 定理.

第 5 章 Euler 图与 Hamilton 图

本章内容

§5.1 Euler 图

Euler 图及判定；求 Euler 环游的 Fleury 算法；Euler 有向图；de Bruijn 图和 Kautz 图及其应用

§5.2 中国邮递员问题

§5.3 Hamilton 图

Hamilton 图的必要条件；Hamilton 图的充分条件；有向图的 Hamilton 性；Euler 图与 Hamilton 图的关系

§5.4 旅行商(TSP)问题

知识拓展

习题 5

§5.1 Euler 图

1. Euler 图及判定

首先回顾一下迹的概念,它是一个点边交替出现的序列,使得其中的边不重复出现. 我们定义 **Euler 迹** (Euler trail) 为经过图的每条边恰好一次的迹. 如果这个 Euler 迹是闭的,即起点和终点相同,则称为 **Euler 环游** (Euler tour) . 存在 Euler 环游的图称为**欧拉图**.

哥尼斯堡七桥问题与 Euler 的故事

Euler 图的概念源于著名的哥尼斯堡七桥问题,在 18 世纪普鲁士的哥尼斯堡城,有一条河穿城而过,河中心有两个小岛,有七座桥将小岛与河岸连接起来 (如图 5.1 所示).

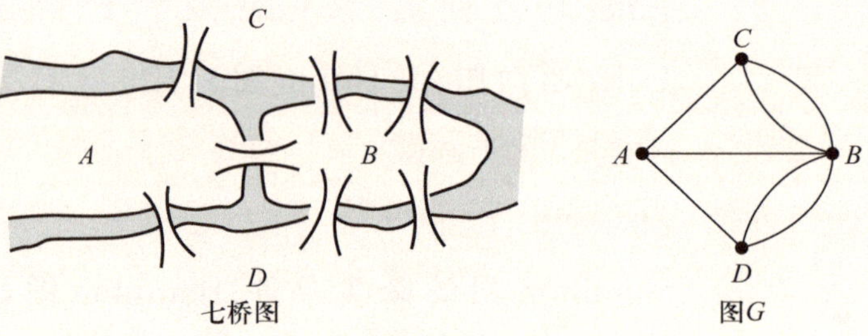

图 5.1 哥尼斯堡七桥图模型

能否从河岸或岛屿的任一陆地出发,经过每座桥恰好一次,然后回到出发点? Euler 将四块陆地用平面上四个点来表示,两块陆地间有一座桥相连,就在两个相应的点间连一条边,最终获得如图 5.1 所示的一个图 G. 于是七桥问题转化为一个图论问题:在图 G 中是否可以从任意一个顶点出发,经过每条边恰好一次回到出发点?

哥尼斯堡七桥问题与 Euler 的故事

如果一个图有 Euler 迹或 Euler 环游,我们可以沿着 Euler 迹或 Euler 环游一笔画完,因此称之为**可一笔画的图**.

如图 5.2, G, H 是一笔画的图吗? 经过检查可知, G 是一笔画的图,但是 H 不是. 那么怎样判定一个图是 Euler 图呢? 注意到下面所说的奇度顶点是指度为奇数的顶点.

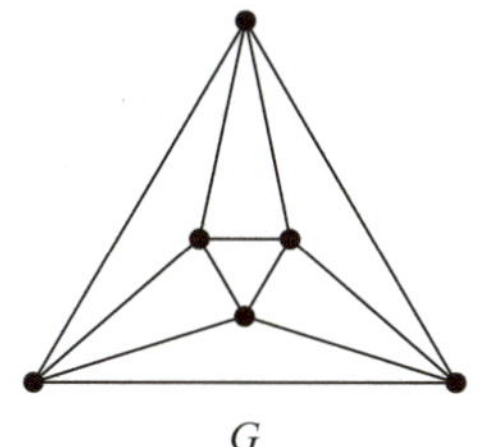

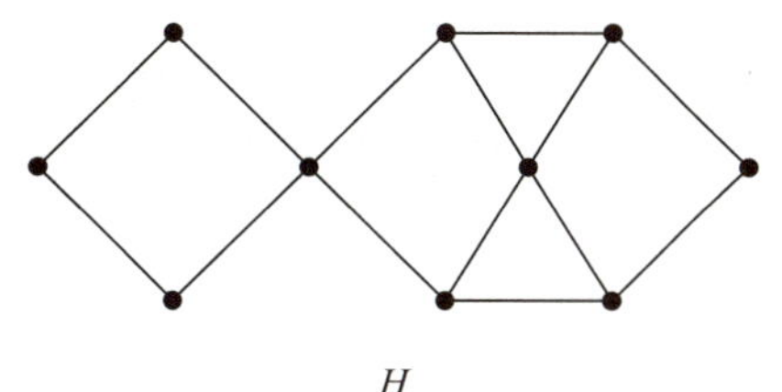

图 5.2 图 G 和 H

定理 5.1(Euler,1736) 一个连通图是 Euler 图当且仅当它不含奇度顶点.

证明 **必要性.** 设 G 是一个 Euler 图,C 是 G 的一个 Euler 环游. 因为 G 是连通的,对任意的顶点 v,它必在 C 上出现,并且 C 每经过 v 一次,就有两条与 v 关联的边被使用. 设 C 经过 v 共 k 次,则 $d(v)=2k$,即每个顶点的度都是偶数.

充分性. 我们用数学归纳法对边数归纳证明,如果图 G 不含奇度顶点,那么它有 Euler 环游. 首先边数为 0 的情况是平凡成立的,假设对图 G 的任意真子图结论都成立,我们证明对图 G 结论也成立. 因为图的所有顶点的度都为偶数,我们可以找到 G 的一个闭迹,这是因为最小度至少为 2 的图包含圈. 设 W 是边数最多的一个闭迹,我们用 F 表示它的边集合. 如果 $F=E(G)$,那么 W 就是 Euler 环游. 因此,假设 $G'=G-F$ 至少有一条边.

对于图 G 的每个顶点 v,它的度 $d(v)$ 是偶数,在 F 中与 v 关联的边数为偶数,因此 v 在 G' 中的度也是偶数,从而图 G' 不含奇度顶点. 因为 G 是连通的,G' 中存在一条边 e 与 W 的顶点关联. 由归纳假设,G' 中包含 e 的连通分支有 Euler 环游 W',那么由 W' 和 W 可以得到一个边数更多的闭迹,这与 W 的选取矛盾. ■

定理 5.1 的证明

注 由定理 5.1 知,哥尼斯堡七桥问题的答案是“否”,因为对应的图有四个奇度顶点,从而没有 Euler 环游.

由定理 5.1,不难证明下列推论成立.

推论 5.1(Euler,1736) 一个连通图有 Euler 迹当且仅当它至多有两个奇度顶点.

思考题 5-1　如果一个连通图有 $2k$ 个奇度顶点，那么它至少用多少笔可以画成？

2. 求 Euler 环游的 Fleury 算法

对于复杂一些的图，即使判定出它是 Euler 图，也未必能很快地找出一条 Euler 环游. 在许多大规模图的应用中，需要借助于算法来找图的 Euler 环游. Fleury（弗勒里）给出了一个在 Euler 图中找 Euler 环游的多项式时间算法. 其基本思想是从图中一个顶点出发，用深度优先方法（DFS）找图的迹，在任何一步，尽可能不使用剩余图的割边，除非没有别的选择.

Fleury 算法

输入：Euler 图 $G=(V,E)$.

输出：G 的 Euler 环游.

第 1 步　任选一顶点 $v_1\in V$，令 $W_1:=v_1, i:=1$.

第 2 步　设迹 $W_i=v_1e_1v_2\cdots e_{i-1}v_i$ 已取定，从 $E-\{e_1,\cdots,e_{i-1}\}$ 中选一条与 v_i 关联的边 e_i，使得 e_i 不是 $G_i=G-\{e_1,\cdots,e_{i-1}\}$ 的割边，除非没有别的选择.

第 3 步　当第 2 步不能再执行时，停止.

Fleury 算法是一个多项式时间算法，其算法复杂度分析留给读者.

3. Euler 有向图

经过有向图 D 的所有弧恰一次的有向闭迹称为 D 的一条**有向 Euler 环游**，简称 **Euler 环游**. 存在欧拉环游的有向图称为 **Euler 有向图**.

定理 5.2　非平凡弱连通有向图 D 是 Euler 有向图的充要条件是对任何 $v\in V(D)$，都有 $d^+(v)=d^-(v)$.

这个定理可以用类似于定理 5.1 的方法来证明，读者可以自己尝试证明.

4. de Bruijn 图和 Kautz 图及其应用

下面介绍两类特殊的 Euler 有向图:de Bruijn(德布鲁因)图和 Kautz(考茨)图,前者是由 de Bruijn 和 Good(古德)在 1946 年独立发现的,后者是由 Kautz 在 1969 年发现的,它们在网络设计及生物信息学中有重要的应用.

对于整数 $t\geqslant 1$ 和 $d\geqslant 2$,**de Bruijn 图** $D_B(d,t)$ 的顶点集为

$$V(D_B(d,t))=\{x_1x_2\cdots x_t \mid x_i\in\{0,1,\cdots,d-1\},1\leqslant i\leqslant t\}.$$

设 $x,y\in V(D_B(d,t))$,若 $x=x_1x_2\cdots x_t$,则弧

$$(x,y)\in A(D_B(d,t))\Leftrightarrow y=x_2\cdots x_t\alpha,\alpha\in\{0,1,\cdots,d-1\}.$$

图 5.3(a)所示是 $D_B(2,2)$.

现在我们来定义 **Kautz 图** $D_K(d,t)$. 对整数 $t\geqslant 2$ 和 $d\geqslant 2$,Kautz 图 $D_K(d,t)$ 的顶点集为

$$V(D_K(d,t))=\{x_1x_2\cdots x_t \mid x_i\in\{0,1,\cdots,d\},1\leqslant i\leqslant t,x_i\neq x_{i+1},1\leqslant i\leqslant t-1\}.$$

设 $x,y\in V(D_K(d,t))$,若 $x=x_1x_2\cdots x_t$,则弧

$$(x,y)\in A(D_K(d,t))\Leftrightarrow y=x_2\cdots x_t\alpha,\alpha\in\{0,1,\cdots,d\},\alpha\neq x_t.$$

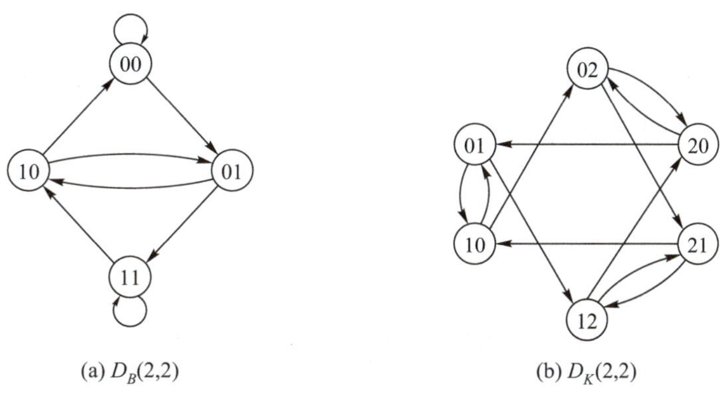

图 5.3 de Bruijn 图和 Kautz 图

图 5.2(b)所示是 $D_K(2,2)$. 不难看出 $D_K(d,t)$ 是在 $D_B(d+1,t)$ 中删掉全体形如 $x_1x_2\cdots x_t$ 的顶点,使得对某些 $i,x_i=x_{i+1}$ 所得到的.

定理 5.3 (1) 对有向图 $D_B(d,t)$ 的任何两个顶点 x,y,都存在 $d-1$ 条内部不交的 (x,y)-路,使得其中一条路的长度至多是 t,其余路的长度至多是 $t+1$.

(2) 有向图 $D_B(d,t)$ 在阶为 d^t 和最大出度为 d 的有向图类中(可能含有重边和环)达到最小直径 t.

注 有向图 $D_k(d,t)$ 也有类似于定理 5.3 的性质，读者可以从文献 [2] 中查阅相关性质以及定理的证明.

思考题 5–2 你能计算出 $D_B(d,t)$ 和 $D_K(d,t)$ 的顶点数目吗?

de Bruijn 图和 Kautz 图的应用

在网络设计中的应用 在网络设计中有这样一个重要的 2–目标最优化问题：构造最大出度至多为 d 的 n 阶有向图 D，使得直径 diam (D) 尽可能地小，而连通度 $\kappa(D)$ 尽可能地大. 一般来说，没有解能够使得这两个目标同时达到最优. 然而，对于 de Bruijn 图和 Kautz 图，上述这个 2–目标最优化问题可求得使两个目标同时达到的最优解，即直径尽可能地小，而连通度尽可能地大. 这两类有向图在平行结构和大型封包无线电网络设计中有重要的应用，请参阅文献 [6].

生物信息学中的应用 de Bruijn 图在生物信息中的应用有很长的历史，例如可以用于基因组的组装，基于 de Bruijn 图的序列组装方法一直是测序方法广泛应用的一个重要部分，尤其是在微生物组研究中. 基于 de Bruijn 图的分析方法已经开发并运用于比较基因组学、遗传变异的鉴定以及未组装测序数据的大规模搜索. de Bruijn 图数据结构将继续成为未来序列组装和分析方法的核心组成部分 [78].

§5.2 中国邮递员问题

一位邮递员从邮局出发投递邮件，经过他所管辖的每条街道至少一次后，回到邮局. 请为他选择一条路线使其所行路程尽可能短. 这个问题由管梅谷在 1960 年提出，称为**中国邮递员问题.**

这个问题可用一个网络 $N=(V,E,W)$ 来表示，其中顶点表示街道的交叉路口，边表示街道，权表示街道的长度. 那么邮递员问题就是求这个网络中含所有边且权最小的闭迹. 这样的闭迹称为**最优邮路.**

基本方法如下：设 $G=(V,E)$ 为不考虑 N 中边权的图. 若 G 是 Euler 图，则其 Euler 闭迹就是最优邮路，可用求 Euler 环游的算法求得；若 G 不是 Euler 图，则**含有所有边的闭途径必须重复经过一些边，最优邮路要求重复经过的边，其权之和达到最小.** 闭途径重复经过一些边，实质上可看成给图 G 添加了一些重复边（相应的，这些边在 N 中的权与原边的权相等），使得添加边的权之和最小，最终消除了奇度顶点形成一个 Euler 图. 求解方法请参阅文献 [27].

注　中国邮递员问题有比较广泛的应用，如快递员送货、街道扫雪、清理垃圾的恰当路线，以及警察巡逻的恰当路线等.

§5.3 Hamilton 图

经过图 G 的每个顶点恰好一次的路称为 G 的 **Hamilton 路**（Hamilton path），经过图 G 的每个顶点恰好一次的圈称为 G 的 **Hamilton 圈**（Hamilton cycle）. 含有 Hamilton 圈的图称为 **Hamilton 图**.

Hamilton 与环游世界问题

Hamilton 图的研究起源于一种十二面体上的游戏，也称环游世界游戏. 1857 年，Hamilton 制作了一种玩具，它是一个木制的正十二面体，如图 5.4(a) 所示，在正十二面体的每个顶点上有一个木栓，并标有世界著名城市的名字. 游戏者用一条细线从一个顶点出发，设法沿着十二面体的棱找出一条路，通过每个城市恰好一次，最后回到出发点. 这个游戏当时称为 Icosian 游戏，也称为环游世界游戏. Hamilton 也参与了销售这个游戏，还写了操作手册.

将正十二面体从一个面剖开并铺展到平面上得到的图形如图 5.4(b) 所示，称为十二面体图. 环游世界游戏用图论术语来说就是判断十二面体图是否为 Hamilton 图，并设法找出其 Hamilton 圈. 其中一个 Hamilton 圈如图 5.4(c) 所示. 这个问题使得图论成为数学家研究的热门领域.

Hamilton 与环游世界问题

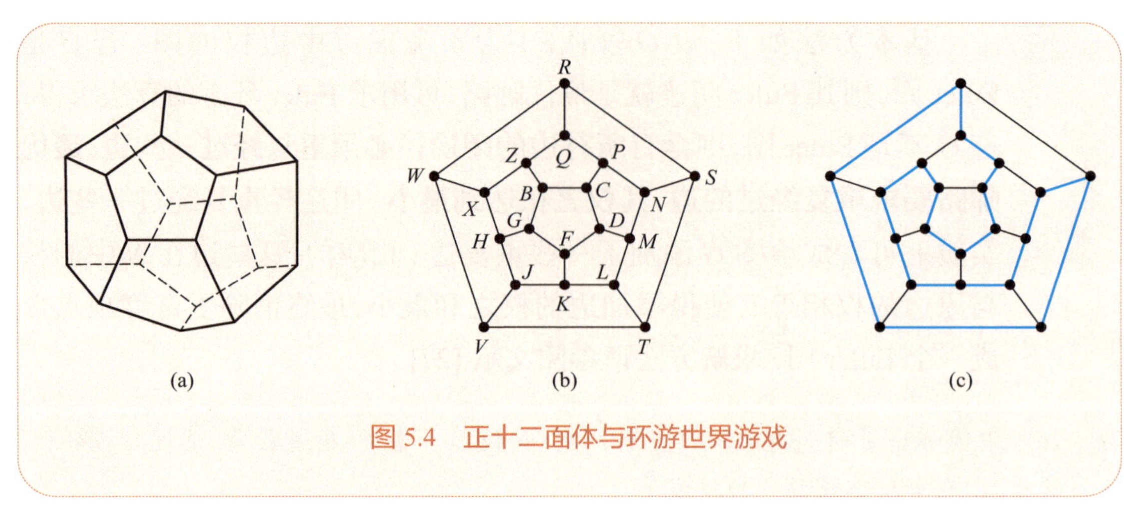

图 5.4　正十二面体与环游世界游戏

思考题 5 – 3　Petersen 图 (图 5.5) 是 Hamilton 图吗?

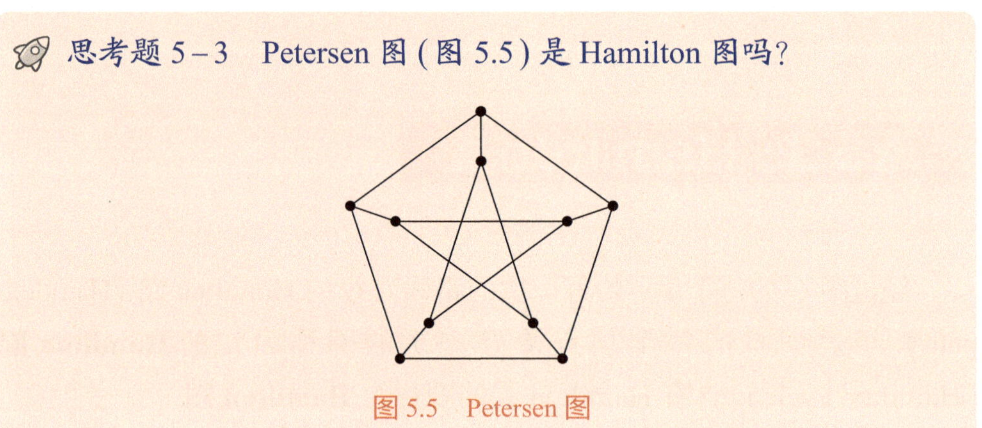

图 5.5　Petersen 图

注　Hamilton 路在计算机科学中有多种应用,例如在任务排队、碎片回收、并行计算中都有应用[16]. 值得关注的是,Hamilton 路是利用 DNA 计算机解决的第一个难题[1].

1. Hamilton 图的必要条件

什么样的图是 Hamilton 图呢? 显然这个图至少要有 3 个顶点. 还有哪些必要条件呢? 易见图 5.6 (a) 不是 Hamilton 图,这是因为割点 v 的存在. 我们不难推出以下条件是 Hamilton 图的必要条件.

定理 5.4 (Hamilton 图的必要条件)

(1) 图 G 没有割点,即必须是 2 – 连通的.

(2) 二部图 $G=(X,Y)$ 满足 $|X|=|Y|$,从而 G 必有偶数个顶点.

(3) 对图 G 的每个分离集 S,均有 $G-S$ 的连通分支数不超过 S 的

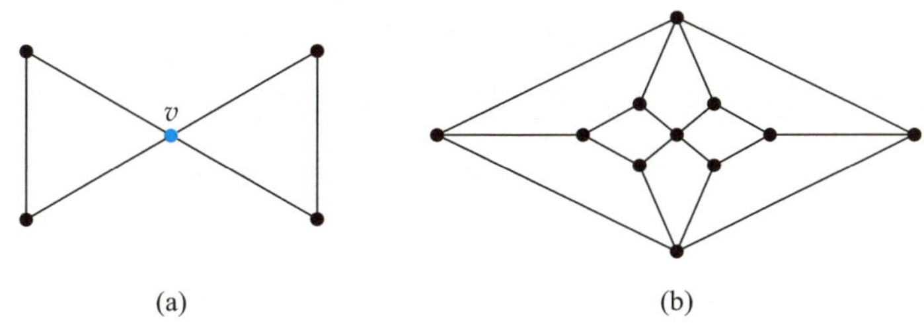

图 5.6 非 Hamilton 图

点数.

必要条件(2)给出了一个二部图不是 Hamilton 图的简单判断条件,即如果一个二部图有奇数个顶点,则它必定不是 Hamilton 图. 例如,图 5.6(b)所示的 Herschel(赫谢尔)图是二部图,但有奇数个顶点,故不是 Hamilton 图.

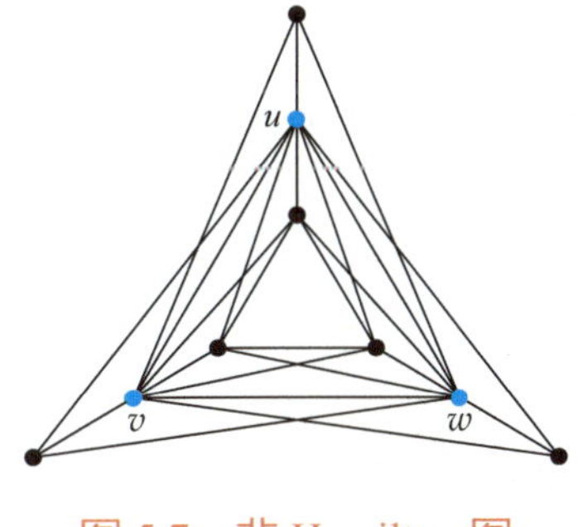

图 5.7 非 Hamilton 图

利用必要条件(3)可判断图 5.7 不是 Hamilton 图,因为令 $S=\{u,v,w\}$,则 $G-S$ 的分支数为 4,这大于 S 的点数 3. 但该必要条件不能用来判断 Petersen 图不是 Hamilton 图. 事实上,Hamilton 圈问题是 NP-完全问题. 既然找不到图的 Hamilton 性的精确刻画,所以我们转而考虑 Hamilton 图的充分条件.

2. Hamilton 图的充分条件

关于 Hamilton 图的第一个数学结果于 1952 年由丹麦数学家 G.A. Dirac 发现,他给出了 Hamilton 图的充分条件,这个条件称为 Dirac(狄拉克)条件.

定理 5.5(Dirac,1952) 如果 G 是阶为 $n\geqslant 3$ 的简单图,且最小度 $\delta(G)\geqslant n/2$,则 G 是 Hamilton 图.

在 1960 年,以数论方向成就著称的数学家 Ore(奥雷)推广了 Dirac 定理,即如果对 G 的任意一对不相邻的顶点 u,v 都有 $d(u)+d(v)\geqslant n$,则 G 是 Hamilton 图. 这个结果的条件称为 Ore 条件. 显然,如果一个图满足 Dirac 条件,那么一定满足 Ore 条件,这说明前者的图类是后者图类的子集,但反之不然,即 Ore 的推广使得 Hamilton 图的图类变大了. 范更华在 1984 年做了进一步推广,证明了如果在 2-连通图 G 中,对任意一对距离为 2 的顶点 u,v 都有 $\min\{d(u),d(v)\}\geqslant n/2$,则

G 是 Hamilton 图. 这使得 Hamilton 图的图类一步变大 [25].

我们还可以通过图的连通度和独立集点数的关系来判断图的 Hamilton 性,注意到独立集是一个顶点子集,使得其中任意两个顶点都不相邻.

定理 5.6 (Chvátal (赫瓦塔尔),Erdős,1972) 设 G 是阶为 $n\geqslant 3$ 的简单图,并设 G 中顶点数最多的独立集为 S. 如果 $|S|\leqslant\kappa(G)$,则 G 是 Hamilton 图.

定理 5.5 的证明非常有趣且具有一般性,代表了图论的一类基本证明技巧,所以我们这里给出证明.

定理 5.5 的证明 设图 $G=(V,E)$ 满足定理的条件,则 G 是连通的,否则设 C 为 G 的顶点数最少的连通分支,则 $|C|\leqslant n/2$,从而 C 中任一顶点 v 的度 $d(v)\leqslant|C|-1\leqslant n/2-1$,矛盾.

设 $P=v_1v_2\cdots v_k$ 是 G 中最长的路,我们首先证明这条路的导出子图含有长为 $|P|$ 的圈. 假若不然,则 $v_1v_k\notin E$. 根据 P 的极大性,v_1 和 v_k 的所有邻点都在 P 上,令

$$S=\{v_j\mid v_1v_{j+1}\in E\},\quad T=\{v_i\mid v_iv_k\in E\}.$$

那么 $d(v_1)=|S|,d(v_k)=|T|$. 由于 $v_k\notin S\cup T$,故 $|S\cup T|\leqslant n-1$. 所以

$$\begin{aligned}|S\cap T|&=|S|+|T|-|S\cup T|\\&=d(v_1)+d(v_k)-|S\cup T|\\&\geqslant n-(n-1)=1.\end{aligned}$$

上式说明存在 v_i,使得 $v_1v_{i+1}\in E,v_iv_k\in E$,如图 5.8. 那么我们得到长为 $|P|$ 的圈 $C=v_1v_2\cdots v_iv_kv_{k-1}\cdots v_{i+1}v_1$. 我们断言这个圈就是我们需要的 Hamilton 圈. 否则,因为 G 是连通的,C 在 $G-C$ 中有一个邻点,那么我们就能找到比 P 更长的路,这与 P 的极大性矛盾,从而定理得证. ■

定理 5.5 的证明

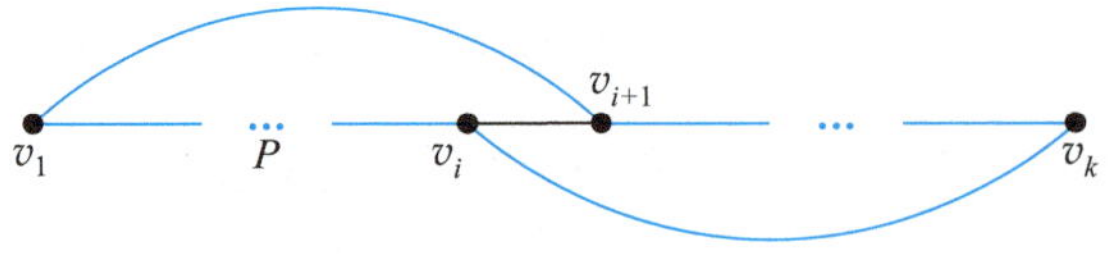

图 5.8 定理 5.5 的证明

注 关于 Hamilton 图还有一些其他经典的结论,比如度序列、邻域并条件下的 Hamilton 性,篇幅所限,这里就不再赘述,感兴趣的读者可参阅文献 [19,20].

3. 有向图的 Hamilton 性

经过有向图 D 的所有顶点恰好一次的有向路称为 D 的 **Hamilton 路**；经过有向图 D 的所有顶点恰好一次的有向圈称为 D 的 **Hamilton 圈.**

我们首先回顾一下相关概念与符号. 如果一个有向图 D 是强连通的，那么对任意的有序点对 (x,y)，D 中都存在 (x,y)－路. 如果 $xy\in A(D)$，那么称**顶点** x **控制顶点** y，也记作 $x\to y$. 对于两个点子集 S 和 R，用 (S,R) 表示 S 到 R 的弧的集合.

一个单循环赛是这样一种竞赛，在 n 个队中，每两队之间恰好进行一次比赛，并且不允许出现平局，那么这个竞赛结果可用竞赛图表示. 竞赛图是一类著名的有向图，它有许多有趣的性质. 在无平局循环赛中，参赛队伍能按某种顺序表示为 $t_1,t_2,\cdots,t_n$，使得他们按顺序击败下一个对手. 这个结论可以表示为下列形式，这里，在竞赛图中 $t_1\to t_2$ 表示 t_1 打败 t_2.

定理 5.7（Rédei（雷代伊），1934） 任意一个竞赛图都有 Hamilton 路.

证明 令 T 是一个竞赛图，其顶点集为 $\{t_i\mid i\in[n]\}$. 假设 T 的顶点是按照反向弧（即 $t_jt_i\,(j>i)$ 这种弧）的数目尽可能的少进行标号. 那么 $t_1t_2\cdots t_n$ 是 T 中的一条 Hamilton 路. 假若不然，那么存在一个下标 $i<n$ 使得 $t_it_{i+1}\notin A(T)$，因此 $t_{i+1}t_i\in A(T)$. 对于这种情况，我们可以将 t_i 和 t_{i+1} 的标号进行交换，这样就可减少反向弧的数目，矛盾，即 T 有一条 Hamilton 路. ■

对于强连通的竞赛图，还有下面的 Hamilton 性.

定理 5.8（Moon，1966） 设 T 是阶为 $n\,(n\geqslant 3)$ 的强连通竞赛图，x 是 T 中的任意一个顶点. 那么 T 中存在包含 x 的长度从 3 到 n 的所有圈. 特别地，T 有 Hamilton 圈.

证明 用 t－圈表示长度为 t 的圈. 我们采用数学归纳法对 t 进行归纳证明. 第一步，我们将证明 T 中包含过顶点 x 的 3－圈. 令 $O=N^+(x)$，$I=N^-(x)$. 因为 T 是强连通的，所以 O 和 I 是非空的，并且 $(O,I)\neq\varnothing$. 设 $yz\in(O,I)$，那么 $xyzx$ 是过顶点 x 的 3－圈.

令 $C=xx_1x_2\cdots x_{t-1}x$ 是 T 中的一个过顶点 x 的 t－圈，$t\in\{3,4,\cdots,n-1\}$. 我们将证明 T 中有一个过顶点 x 的 $(t+1)$－圈，从而完成定理的证明.

如果存在一个顶点 $y \in V(T)-V(C)$,它控制 C 上的一个顶点而且也被 C 上的一个顶点所控制,那么存在一个下标 i 使得 $x_i \to y$ 和 $y \to x_{i+1}$. 因此,$xx_1 \cdots x_i y x_{i+1} \cdots x_{t-1} x$ 是一个过顶点 x 的 $(t+1)$-圈. 因此,圈 C 外的任意一点,要么控制 C 上的每一个顶点(这些点的集合记为 R),要么被 C 上的每一个顶点所控制(这些点的集合记为 S). 因为 T 是强连通的,集合 $S \neq \varnothing, R \neq \varnothing$,并且 $(S,R) \neq \varnothing$. 取 $sr \in (S,R)$,那么 $xsrx_2x_3 \cdots x_{t-1}x$ 是一个过顶点 x 的 $(t+1)$-圈,证毕. ■

定理 5.8 的证明

上述定理的这种性质:一个(有向)图含长度从 3 到 n 的圈,称为是泛圈的. 如果每个圈都包含指定的顶点,则称是点泛圈的. 类似于无向图的 Hamilton 圈的判定条件,有向图也有相仿的度条件,感兴趣的读者可以参阅文献 [2].

4. Euler 图与 Hamilton 图的关系

本节的最后给出 Hamilton 图与 Euler 图的关系. 为此我们首先定义图 G 的**线图**(line graph) $Q=L(G)$:其顶点集 $V(Q)$ 为 G 的边集 E,且 $x,y \in E$ 是相邻的当且仅当它们作为边在 G 中是相邻的. 例如星 $K_{1,3}$ 的线图是 K_3. **有向图的线图**(line digraph)的定义如下:对于一个有向图 D,其线图 $Q=L(D)$ 是一个有向图,其顶点集为 $V(Q)=A(D)$,其弧集如下

$$A(Q)=\{ab \mid a,b \in V(Q), a \text{ 的头与 } b \text{ 的尾是同一顶点}\}.$$

如前所述,Euler 环游是经过图的每条边恰好一次的闭迹,而 Hamilton 圈是经过每个顶点恰好一次的圈. 那么这两个概念之间是否有关系呢? 以下的定理给出了有向图中两者之间的关系,这个结论由 Aigner(艾格纳)和 Kastelegn 在 1967 年独立得到.

定理 5.9(Aigner, Kastelegn, 1967) 设 D 是连通有向图,则 $L(D)$ 是 Hamilton 图当且仅当 D 是 Euler 图.

注 上述定理中的必要条件对无向图不成立. 例如星 $K_{1,3}$ 的线图是 K_3,后者是 Hamilton 图,而前者不是 Euler 图.

§5.4 旅行商(TSP)问题

有 n 个城市,各城市间的路程不尽相等. 一个旅行商从其中某一城市出发,欲经过其余 $n-1$ 个城市恰好一次,最后回到出发点. 他应该如何设计旅行路线才能使所走路程最短? 这个问题称为**旅行商问题**(traveling salesman problem).

将城市作为顶点,两顶点连边当且仅当对应的两城市能直达,每条边上以相应城市间道路的里程作为权. 从而获得一个网络 N,如图 5.9. 那么旅行商问题可以叙述为:

给定网络 N,求 N 的一个权最小的 Hamilton 圈.

这一问题看似简单,实际上含有两个困难的问题:

(1) 如何判定 N 对应的无权图 G 是否有 Hamilton 圈?

(2) 在已知 G 是 Hamilton 图的情况下,如何求出 N 中一个权最小的 Hamilton 圈?

事实上这两个问题都是 NP-完全问题. 我们在 N 中所有不相邻的顶点间添加权为 ∞ 的边,然后求这个网络的最小权 Hamilton 圈. 对这样的 NP-完全问题,一般解决方法是设计较好的近似算法,如邻近点法,最小生成树法,最小权匹配法,感兴趣的读者可参阅文献 [27].

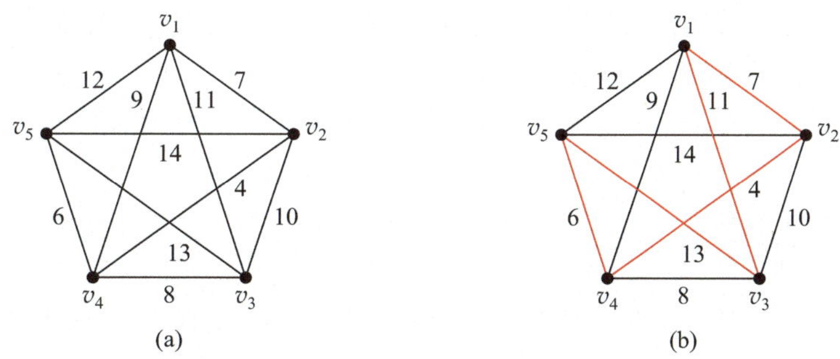

图 5.9 当 $n=5$ 时旅行商问题的网络

TSP 问题的应用

(1) 校车在指定站点接送学生;

(2) 运钞车运送钞票;

(3) 大型连锁超市的货物配送.

注 虽然旅行商问题是一个十分复杂的问题，对于很大数目的城市群，旅行商问题已经被解决并加以应用. 例如 1998 年，Applegate（阿普尔盖特），Bixby（比克斯比），Chvátal（赫瓦塔尔），Cook（库克）解决了美国 13 509 个城镇之间的旅行商问题. 他们也在 2001 年解决了德国 15 113 个城镇间的旅行商问题，同时于 2004 年解决了瑞典 24 978 个城镇之间的旅行商问题. 他们的终极目标是解决世界范围内已注册的城市或城镇之间的旅行商问题，这些地方加上南美洲的科考基地共有 1 904 711 个地点. 在 2007 年，他们四人写了《旅行商问题》一书，描述了他们解决这一系列大规模问题的方法，在 2012 年，Cook 为广大普通读者写了《旅行商问题的探索》一书.

知识拓展

1. 在图中寻找 Hamilton 圈和 Euler 环游问题，都起源于数学智力游戏或现实生活，这说明图论来源于实际应用. 随着图论的日益发展和完善以及信息技术的飞速发展，图论显示出了更加重要和广泛的应用.

2. 如果一个图包含一个支撑 Euler 子图，那么它就是超 Euler 图，这个概念的提出是受中国邮递员问题的启发. 确定一个图是否是超 Euler 图是非常困难的，即使对于平面图也是 NP-完全的. 1992 年 Catlin（卡特林）给出了关于超 Euler 图的第一篇综述文章，赖虹建等对这篇综述在 2013 年进行了更新，重点介绍了近 20 年来超 Euler 图的研究进展及相关问题，当然赖虹建在这个领域也做出了大量的工作，推动了该领域的研究，感兴趣的读者可参阅文献 [36].

3. 对于图的 Hamilton 性的研究，推广 Dirac 条件是重要问题之一，李皓在他的综述文章里全面介绍了相关成果，请参阅文献 [39]；有向图的 Hamilton 性的综述请参阅文献 [35].

习题 5

1. 图 5.10 中哪个图有 Euler 迹？如果有，请画出它的 Euler 迹.

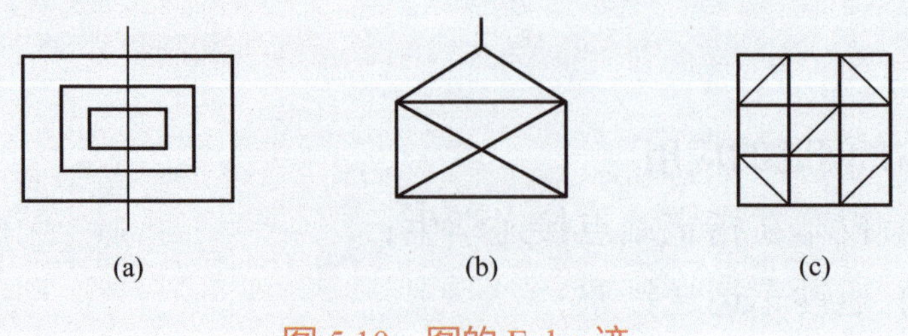

图 5.10 图的 Euler 迹

2. Petersen 图能几笔画成？

3. 请画出阶为 8 的 3 – 正则图，并检查它是否是 Euler 图和 Hamilton 图.

4. 图 5.2 中图 G 是 Hamilton 图吗？如果是，请找出它的 Hamilton 圈.

5. 请给完全图 K_5 定向，使所得竞赛图有 Euler 环游.

6. 请给完全图 K_5 定向，使所得竞赛图有两个弧不交的 Hamilton 圈.

7. 是否存在偶数个顶点、奇数条边的 Euler 图（简单图）？如果不存在，给出理由；如果存在，给出例子.

8. 世界数学家大会在某地召开，来自世界各地的数学家参加了会议，晚宴时要安排 7 位数学家 A,B,C,D,E,F,G 在同一餐桌就坐，问是否可以安排他们在一个圆桌上，使得相邻的数学家都可以用相同的语言交流？如果是，请为他们安排一个顺序. 他们掌握的语言如下：A：英语；B：英语、汉语、日语；C：英语、意大利语、俄语；D：日语、法语；E：德语、意大利语；F：法语、日语、俄语；G：德语、法语.

9. 如图 5.11 是一个展览馆的九个房间，房间之间有一些门. 问在这些房间进行参观使得每个门恰好通过一次是可能的吗？请用图论知识解释说明.

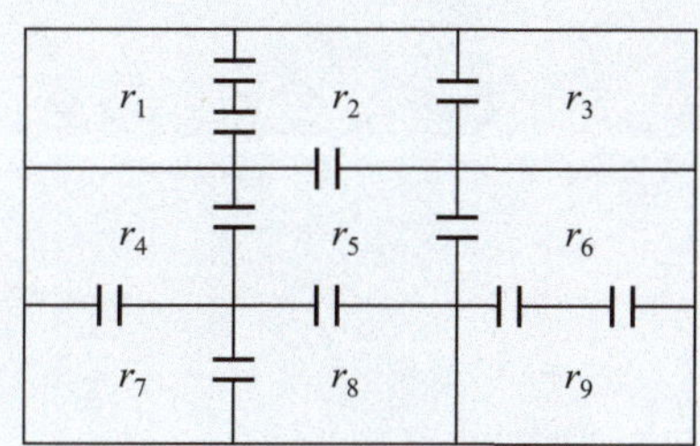

图 5.11 展览馆的房间

10. 设 $k \geqslant 2$ 为整数，证明阶为 $2k-1$ 的 k – 正则图是 Hamilton 图.

11. 证明 Ore 定理：如果对 G 的任意一对不相邻的顶点 u,v 都有 $d(u)+d(v) \geqslant n$，则 G 是 Hamilton 图.

12. 设 G 是阶为 n 的图且满足 $\delta(G) \geqslant (n-1)/2$. 证明图 G 有 Hamilton 路.

13. 证明如果竞赛图含一个圈，那么它有 2 条 Hamilton 路.

14. 证明定理 5.2：非平凡弱连通有向图 D 是 Euler 有向图的充要条件是：对任何 $v \in V(D)$，都有 $d^+(v)=d^-(v)$.

第6章 平面图

本章内容

§6.1 多面体的平面化

§6.2 平面图的概念

平面图的定义；平面图的基本性质

§6.3 Euler 公式及其应用

Euler 公式；Euler 公式的应用

§6.4 可平面图的判定

判定定理；平面图的应用

§6.5 平面图的对偶图

知识拓展

习题 6

§6.1 多面体的平面化

一个多面体(polyhedron)是三维的立体图形,它的边界由平面多边形构成. 这些平面多边形称为多面体的面(face). 面的边界是多面体的边和顶点,在这个意义下,我们把多面体中面的数量记为 l,顶点数、边数分别记为 n,m. 最常见的多面体是以下这些正多面体:正四面体、立方体(正六面体)、正八面体、正十二面体、正二十面体.

多面体的平面化与 Euler 公式

众所周知,一个正四面体有4个面、4个顶点和6条边,而立方体有6个面、8个顶点和12条边. 那么一个多面体的这三个量之间是否有某种关系呢? 在1750年11月14日 Euler 写给 Goldbach(哥德巴赫)的一封信中给出了多面体的顶点数、边数、面数之间的数量关系. Euler 是第一个发现这个公式的数学家. 后来,人们以 Euler 的名字命名这个关系,即 Euler 多面体公式:$n-m+l=2$.

在三维空间中适当指定一个点、一个多面体和一个平面,从指定的点出发,每一个多面体都能被投影到这个平面上,产生的平面图形就表示这个多面体的平面图形. 这样,多面体的面变成了平面图中的区域,如图6.1所示. 正四面体、立方体、正八面体和正十二面体以及它们的平面表示如图6.2所示.

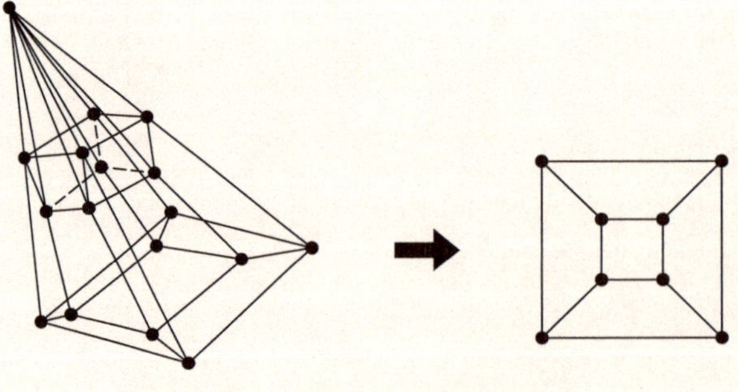

图6.1 一个多面体的平面表示

多面体的平面化与 Euler 公式

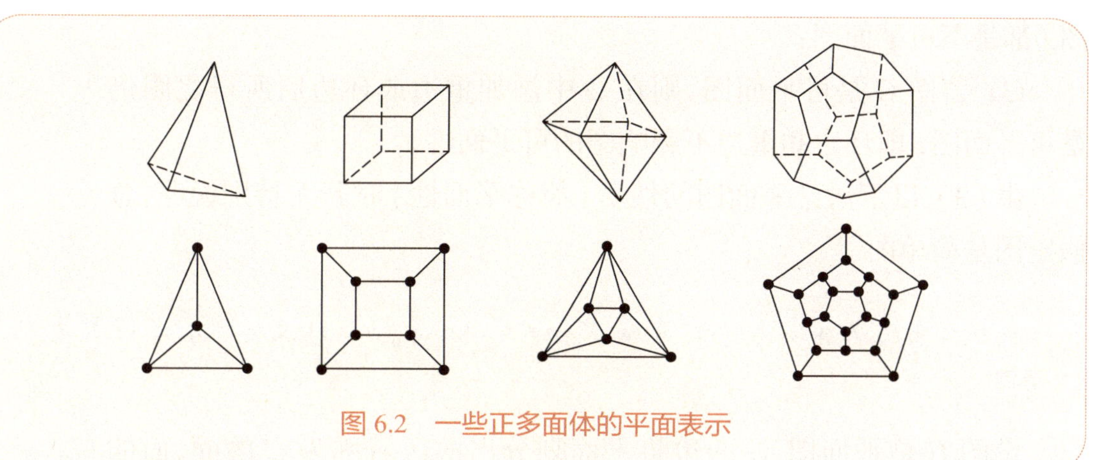

图 6.2　一些正多面体的平面表示

§6.2　平面图的概念

在纸上画一个图时，我们总是想尽量地画得清楚些，一个明显的减少混乱的画法是避免相交．例如，试问画图时能否让任意两条边只相交于端点，而不相交于任何其他点？为此我们需要引入平面图的概念．

1. 平面图的定义

如果图 G 能画在平面上，使得任意两条边互不交叉，则称 G 是**可平面图**（planar graph），用这种方式画出的图称为**平面图**（plane graph），也称为 G 的**平面嵌入**；否则称为**不可平面图**．如图 6.3（a），完全图 K_4 是可平面图，图 6.3（b）是它的平面嵌入．

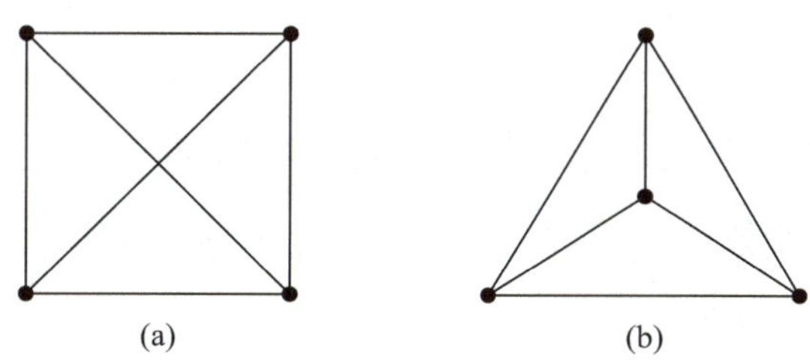

图 6.3　完全图 K_4 和它的平面嵌入

容易看出，平面图有以下性质：

(1) 若图 G 是可平面图，则 G 的任何子图都是可平面图；

(2) 若图 G 是不可平面图，则 G 的任何母图（以 G 作为子图的

图)都是不可平面图;

(3) 若图 G 是可平面图,则在 G 中添加重边或环边后所得之图仍是可平面图. 即环边和重边不影响图的可平面性.

由(3),以下讨论平面图的性质(简称平面性)时若无特别说明,总假定图是简单图.

注　由定义和以上性质易知,$K_n(n\leqslant 4)$ 和 $K_{1,n}(n\geqslant 1)$ 及其所有子图都是可平面图.

设图 G 是平面图,G 的边将平面划分出的区域称为 G 的**面**,面的集合用 $F(G)$ 表示,其中面积无限的面称为**外部面**(exterior face);面积有限的面称为**内部面**(interior face). 包围一个面的所有边称为该面的**边界**(boundary),一个面的边界上的边数称为该**面的度数**(degree of face,割边按两次计),面 f 的度数记为 $\deg_G(f)$,在不引起混淆的前提下,简记为 $\deg(f)$.

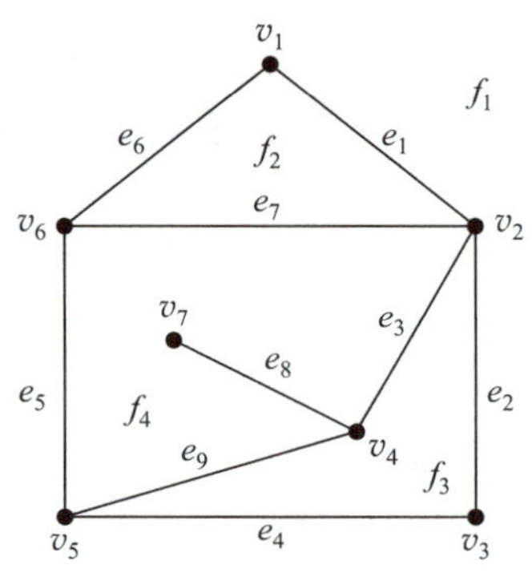

图 6.4　平面图 G

如图 6.4,$F(G)=\{f_1,f_2,f_3,f_4\}$,其中 f_1 是外部面,其他三个面是内部面;f_1 的边界由 e_1,e_2,e_4,e_5,e_6 组成,f_2 的边界由 e_1,e_7,e_6 组成;从而 $\deg(f_1)=5,\deg(f_2)=3$.

2. 平面图的基本性质

定理 6.1　平面图 G 中所有面的度数之和等于 G 的边数的两倍,即

$$\sum_{f\in F(G)}\deg(f)=2m.$$

证明　对 G 的任何一条边 e,若 e 是两个面 f_i 和 f_j 的公共边界,则在计算 f_i 和 f_j 的度数时,e 各提供了 1;若 e 只是某一个面的边界,即割边,则在计算该面的度数时,e 提供了 2. 可见在计算面的度数之和时,每条边都贡献了 2. 因而结论成立. ■

设 G 是可平面图,若在 G 的任意不相邻顶点 u,v 之间加边 uv 都会使所得之图成为不可平面图,则称 G 是**极大可平面图**(maximal planar graph). 极大可平面图的任一个平面嵌入都称为**极大平面图**(maximal plane graph). 例如 $K_{3,3}-e(\forall e\in E(K_{3,3}))$,$K_5-e(\forall e\in E(K_5))$ 都是极大可平面图.

思考题 6-1 你能画出 $K_{3,3}-e$ 和 K_5-e 的平面图吗?

注 显然,极大可平面图是连通的;至少含 3 个顶点的极大可平面图中没有割边和割点.

更进一步地,我们有以下性质.

定理 6.2 对于至少含 3 个顶点的极大平面图,其每个面的度数必定都是 3.

证明 设 G 是一个极大平面图,则它是简单连通图,于是 G 中各面的度数至少为 3. 以下用反证法证明:每个面的度数不会大于 3,从而定理得证. 假如 G 的某个面 f 的度数 $\deg(f)\geqslant 4$,则 f 的边界上至少有 4 个顶点,设 v_1,v_2,v_3,v_4 为边界上按顺序排列的顶点. 若 $v_1v_3\notin E(G)$,则在 G 中添加边 v_1v_3 不破坏平面性,这与 G 是极大平面图矛盾. 因而 v_1,v_3 在 G 中必定相邻,且边 v_1v_3 必定为面 f 的外边. 类似地,v_2,v_4 在 G 中也必相邻,且边 v_2v_4 为面 f 的外边. 于是边 v_1v_3 和边 v_2v_4 必在 f 的外部相交,这与 G 是平面图矛盾. 从而 G 中各面的度数恰为 3. ■

§6.3 Euler 公式及其应用

如前所述,对于多面体生成的平面图,它的顶点数、边数和面数满足一个公式,如图 6.5. 事实上这个公式对于所有的平面图都成立,这就是 Euler 公式.

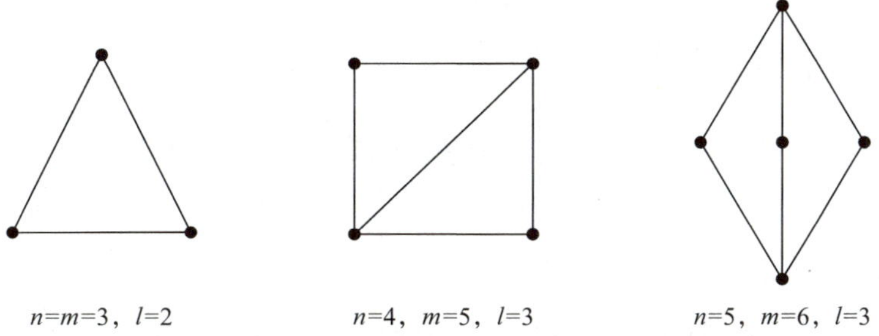

图 6.5 平面图的顶点数、边数和面数

1. Euler 公式

定理 6.3 (Euler,1752) 设 G 是连通的平面图,n,m 和 l 分别是其顶点数、边数和面数,则 $n-m+l=2$.

证明 对图 G 的面数 l 用数学归纳法. 当 $l=1$ 时,G 的每条边都是割边,从而 G 连通,为一棵树,即 $m=n-1$,那么 $n-m+l=2$,Euler 公式成立. 假定 Euler 公式对面数小于 l 的图成立. 设 G 是面数 $l\geqslant 2$ 的连通平面图. 我们选取 G 的一条边 e,使得 e 不是割边. 那么 $G'=G-e$ 是连通的平面图,且有 $l-1$ 个面. 我们分别用 n',m' 和 l' 表示 G' 的顶点数、边数和面数. 对 G' 用归纳假设,则有

$$n'-m'+l'=2.$$

因为 $n'=n,m'=m-1,l'=l-1$,带入得 $n-m+l=2$,即 Euler 公式成立. ■

2. Euler 公式的应用

定理 6.4 一个连通平面图的任何平面嵌入都有相同数目的面数.

证明 设图 G 的顶点数、边数和面数分别为 n,m 和 l,$\widetilde{G}$ 是图 G 的一个平面嵌入,那么 $\widetilde{G}$ 与 G 有相同的顶点数和边数. 设 $\widetilde{G}$ 的面数为 $\tilde{l}$. 由 Euler 公式得 $\tilde{l}=m+2-n=l$,证毕. ■

更进一步地,我们可以得到一个平面图的顶点数和边数所满足的关系.

定理 6.5 设简单图 G 是具有 m 条边的 $n(n\geqslant 3)$ 阶平面图,则 $m\leqslant 3n-6$.

证明 只需考虑连通图. 如果 G 中无圈,则为树,那么 $m=n-1$,显然成立. 如果 G 中有圈,由于 G 是简单图,所以各圈的长度至少是 3,从而 G 中面的最小度至少是 3. 那么

$$2m=\sum_{f\in F(G)}\deg(f)\geqslant 3|F(G)|=3(m-n+2).$$

上式表明 $m\leqslant 3n-6$. ■

推论 6.1 如果 G 是阶 $n\geqslant 3$ 的极大平面图,则 $m=3n-6$,且 $l=2n-4$.

推论 6.2 平面图 G 的最小度 $\delta(G) \leqslant 5$.

上面的结论不难由定理 6.5 得到，其中推论 6.2 说明任一平面图中总存在度数不太大的顶点，这个结论将在五色定理的证明中使用.

思考题 6-2 $K_{3,3}$ 和 K_5 是平面图吗？为什么？

§6.4 可平面图的判定

上一节我们给出了平面图的顶点数和边数所满足的关系，即平面图的必要条件，由此可以推出如果一个图满足 $m>3n-6$，则它就不是平面图. 但是这个必要条件并不是充分条件，那么如何判断一个图是平面图呢？

1. 判定定理

为了判断一个图是平面图，我们先引入下列概念. 设 $e=uv$ 是图 G 的一条边. 在边 e 上加入一个新顶点 w，将其分为两条新边 uw 和 wv（而 w 成为新图中度为 2 的顶点），这个过程称为**对边 e 的细分**（subdivision）；对图 G 的边进行一系列细分后所得之图称为 G 的**细分**，记为 TG. 为后面叙述方便，我们约定图 G 本身也看作 G 的一个细分图.

例如，图 6.6 所示的两个图分别是 K_3 的一个细分和 K_4 的一个细分.

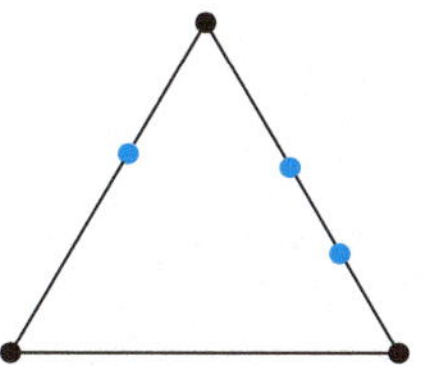
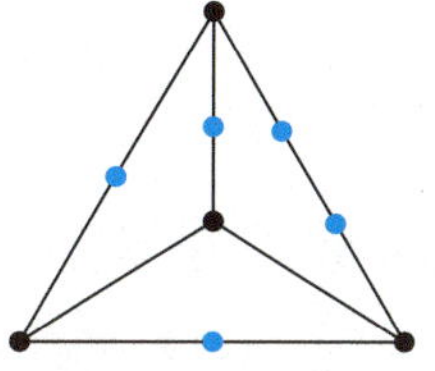

图 6.6 K_3 和 K_4 的细分

设 e 是图 G 的一条边，从 G 中删去 e，将 e 的两个端点粘合在一起，并删去由此得到的环边和重边，这个过程称为边 e 的**收缩**（contraction）. 若图 G_1 可通过一系列边的收缩得到与 G_2 同构的图，则称 G_1 **可收缩到** G_2，而 G_2 称为 G_1 的**子式**（minor）. 我们约定，图 G 本身也是可收缩为

G 的一个图.

下列两个定理是可平面图判定定理.

定理 6.6 (Kuratowski (库拉托夫斯基), 1930)　图 G 是可平面图当且仅当 G 中既不含 K_5 的细分,也不含 $K_{3,3}$ 的细分.

由上面的判定定理知,Petersen 图是不可平面图,因为它含有 $K_{3,3}$ 的细分图,如图 6.7 所示.

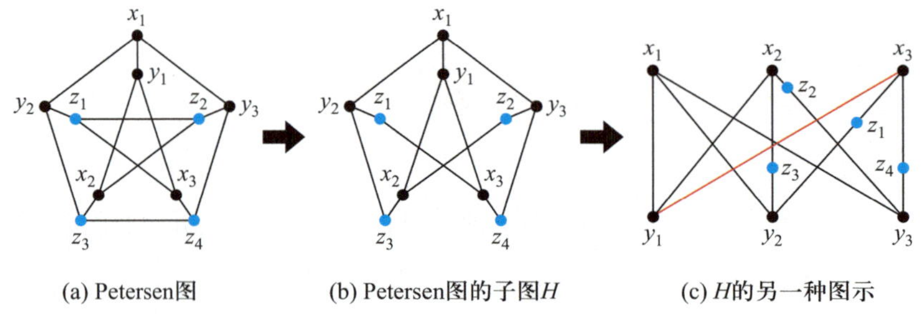

图 6.7　Petersen 图的子图

定理 6.7 (Wagner (瓦格纳), 1937)　图 G 是可平面图当且仅当 G 中既不含 K_5 作为子式,也不含 $K_{3,3}$ 作为子式.

如图 6.8, Petersen 图可收缩到 K_5,由此再一次看到 Petersen 图是不可平面图.

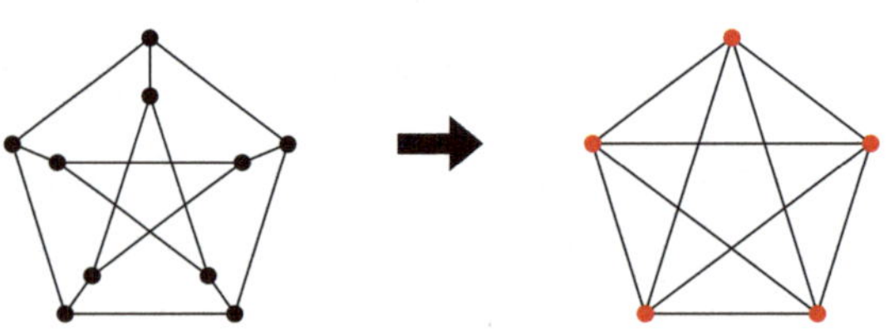

图 6.8　Petersen 图的收缩

Kuratowski 定理是说,一个图是平面图当且仅当它既不含 TK_5,也不含 $TK_{3,3}$. 那么不含 TK_5 的图具有什么样的结构呢? 郁星星和他的两位研究生贺大为和汪彦证明了"每个 5-连通的非平面图包含一个 TK_5",因此不含 TK_5 的图要么是平面图,要么其连通度至多为 4[31]. 他们的这个结果解决了困扰离散数学领域图论界 40 年之久的 Kelmans-Seymour 猜想. 猜想被证明后,立刻引起了国际科学界的广泛关注,很多国际知名学术网站都对该项成果进行了报道.

2. 平面图的应用

电路板设计问题 在电路板设计时，需要考虑的问题之一是连接电路元件的导线间不能交叉. 否则，当绝缘层破损时，会出现短路故障. 我们可以将电路板用一个图 G 表示，其中顶点代表电子元件，边代表导线，那么电路板的设计“要求电路元件间连接导线互不交叉”，就对应于“要求图中的边不能相互交叉”. 这样就把上述问题归结为如何安排图 G 的边使得它是一个平面图. 由 Demoucron、Malgrange（马尔格朗热）和 Pertuiset（佩尔蒂塞）在 1964 年给出的算法，简称 DMP 算法，是求解这个问题的好算法，感兴趣的读者可以参阅文献 [71].

三套房屋和三种公用资源问题 有三套正在建造的房屋，每套房屋都需要三种公用资源：水，电，天然气，而供水站、发电站和天然气站三个公共设施站，每个公共设施站都需要一条直接从站端到每一套房屋的管线，并且不经过另一个公共设施的管线或者另一个在管线上的房屋. 换句话说，所有的三种公共设施管线必须埋在地下同一深度而且互不交叉，这样能做到吗？

显然，这个问题可以抽象为六个顶点的图论问题，其中三个顶点代表三套房屋，另外三个顶点代表三个公共设施站，这样我们得到完全二部图 $K_{3,3}$. 三套房屋和三种公共资源问题就等价于确定能否在平面中画出图 $K_{3,3}$，使得其中的任何两条边互不交叉，即 $K_{3,3}$ 是否是平面图，显然答案是否定的.

§6.5 平面图的对偶图

本节所讨论的图可能含重边和环边. 设 G 是一个平面图，G 的**对偶图**（dual graph）G^* 是以 G 的面作为顶点的图：将 G 的各个面用平面上的点来表示，若两个面有公共边界，且公共边界上有几条边，则对应的两个顶点间连几条边（越过公共边界上每一边连出一条边）. 若某个面上含有割边，则该面在 G^* 中对应的点上连一条环边. 图 6.9 所示的是图 G 和对偶图 G^*，其中实线表示 G 的边，虚线表示 G^* 的边.

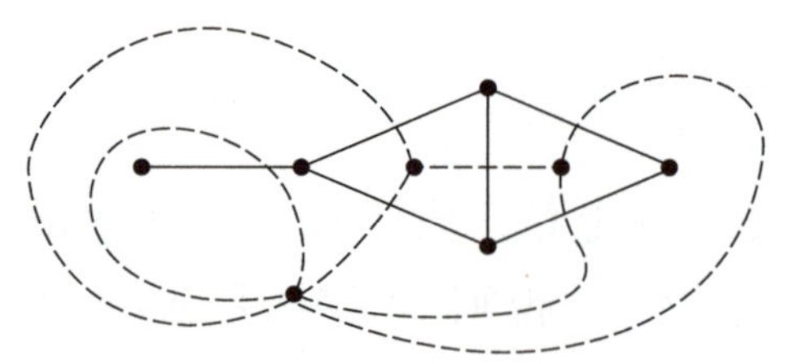

图 6.9　图 G 和对偶图 G^*

思考题 6－3　你能画出 K_4 的对偶图吗?

从定义不难看出平面图 G 的对偶图 G^* 有以下性质:

(1) G^* 是连通的平面图;

(2) 如果边 e 为 G 中的环边,那么 G^* 中与 e 对应的边 e^* 为割边;反之,如果 e 为 G 的割边,那么 G^* 中与 e 对应的边 e^* 为环边;

(3) 一般地,G^* 为含重边的图.

注　两个同构的平面图,其对偶图不一定是同构的. 例如,图 6.10 中两图(实线边的图)是同构的,但它们的对偶图(虚线所示)不同构,因为两个对偶图中环边所关联的顶点的度不相等.

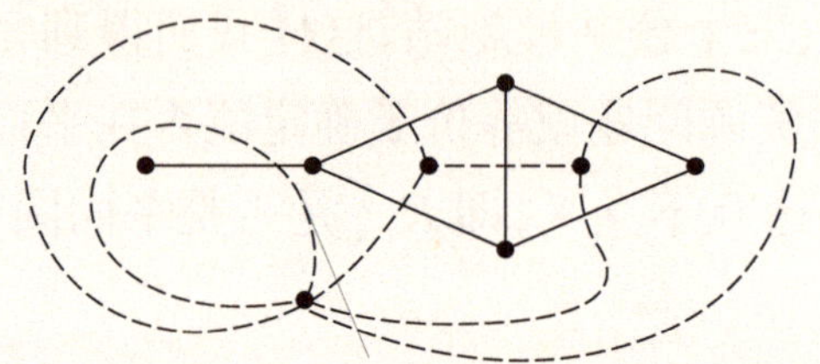

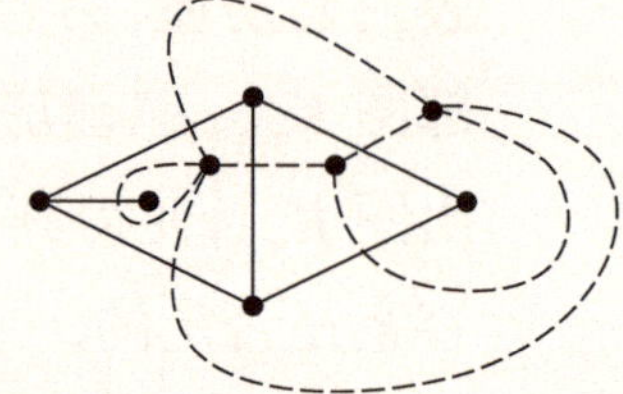

图 6.10　两个同构图的平面图

由对偶图的定义可得,平面图 G 与它的对偶图 G^* 的顶点数、边数和面数有如下关系.

定理 6.8　设 G^* 是连通平面图 G 的对偶图,n^*,m^*,l^* 和 n,m,l 分别为 G^* 和 G 的顶点数、边数和面数,则 $n^*=l,m^*=m,l^*=n$;如果 G^* 的顶点 v_i^* 位于 G 的面 f_i 中,则 $d_{G^*}(v_i^*)=\deg_G(f_i)$.

知识拓展

关于平面图的 Kuratowski 判定定理(定理 6.6),第一个公开发表的证明是在 1930 年,这个定理归功于波兰的拓扑学家 Kuratowski,他是在 1929 年第一个公布证明了这个定理的人. 据记载,文章的标题是“拓扑学中的扭曲曲线问题”. 这表明他的定理的背景主要是在拓扑学上,而不是在图论上,那时不可平面图有时也叫作扭曲图. 文章于 1930 年正式发表在 *Fundamenta Mathematicae* 上.

Kuratowski 的论文发表日期是使得这个定理归功于他的关键. 因为在 1930 年的下半年,两名美国数学家 Frink(弗林克)和 Smith(史密斯)也投递了一篇包含这个定理证明的文章,不过当他们知道 Kuratowski 的证明早于他们时就撤了稿,他们在 *Bulletin of American Mathematical Society* 上发表了关于自己工作的简短声明,这篇注记的标题是“不可约的不可平面图”,表明他们的证明是关于图论的.

有些人认为这个定理的证明在更早的时候就被苏联拓扑学家 Pontryagin(庞特里亚金)发现. Kuratowski 在他发表的文章的脚注中提到了“Pontryagin 也发现了这个结果”,因此有时把这个定理称为 Pontryagin–Kuratowski 定理. 不过 Pontryagin 的证明并没出现在公认的杂志中,只出现他未发表的笔记中. 所以这个定理通常被称为 Kuratowski 定理,上述内容来源于文献 [71].

习题 6

1. Petersen 图去掉一条边是平面图吗?如果是,请画出其平面嵌入;如果不是,请说明理由.

2. 完全二部图 $K_{2,n}$ 是平面图吗?如果是,请画出其平面嵌入;如果不是,请说明理由.

3. 画出一个有 7 条边和 5 个面的连通平面图.

4. 画出图 6.4 所示图的对偶图,并写出该对偶图的顶点数、边数和面数.

5. 画出轮 W_4 的平面嵌入以及它的对偶图.

6. 讨论圈 C_n 的补图当 $n=4,5,6$ 时是否是平面图.

7. 证明如果 G 是连通分支数为 t 的平面图,那么 $n-m+l=t+1$.

8. 设 G 是连通的简单平面图,且每个面的度数至少为 d,证明 G 的边数 m 与顶点数 n 满足如下关系:$m\leqslant\dfrac{d}{d-2}(n-2)$.

9. 证明如果 G 是极大平面图 $(n\geqslant3)$,则 $m=3n-6,l=2n-4$.

10. 证明如果简单平面图 G 的阶 $n<12$,那么 $\delta(G)\leqslant 4$.

11. 设 G 是阶至少为 4 的简单平面图,证明 G 中至少有 4 个顶点,它们的度至多为 5.

12. 若不可平面图 G 任意删除一条边后,所得到的图都是可平面图,则称 G 为极小不可平面图. 证明 K_5 和 $K_{3,3}$ 都是极小不可平面图.

13. 证明如果非平凡平面图是 Euler 图,那么其对偶图是二部图.

14. **五个王子的问题**　从前有一个国王,国王有 5 个儿子,他有一个愿望,希望在他死后这个王国能被分成 5 个地区,每一个儿子都拥有一个地区,并且每个地区都和其他 4 个地区中的任何一个有公共的边界,国王的这个愿望能实现吗?试用图论的方法给出解答.

第7章 染色理论

本章内容

§7.1 顶点染色

图的染色问题可以追溯到四色问题的提出.

四色问题

四色问题是指任何一张地图只用四种颜色就能使具有共同边界的国家染上不同的颜色,又称为四色猜想、四色定理,是世界近代三大数学难题之一.四色问题最先是由 Francis Guthrie(弗朗西斯·格思里)于 1852 年提出来的. 他在给英国的地图染色时发现只需要四种颜色就可以将地图染好. 他把这个问题给了当时就读于剑桥大学数学系的弟弟 Frederick Guthrie(弗雷德里克·格思里,后来成为杰出的物理教授). 1878 年,当 Cayley 向伦敦数学学会提出这个问题时,这个问题第一次引起了广泛的注意. 一年后,Kempe(肯普)发表了一个错误的证明,在 1890 年被 Heawood(希伍德)修改为五色定理的证明. 1976 年,Appel(阿普尔)和 Haken(哈肯)运用计算机成功地证明了四色定理,四色问题历经数学家一百多年的努力终于结出了硕果.

事实上,我们可以把地图的每块区域看作一个顶点,如果两块区域相邻,对应的顶点则连一条边,就得到一个图,从而四色问题就转化成给图用四种颜色对顶点进行染色,使得相邻的顶点染不同的颜色. 如图 7.1,我们将地图转化成图后,用颜色 1,2,3,4 对其染色,使得相邻的顶点染不同的颜色.

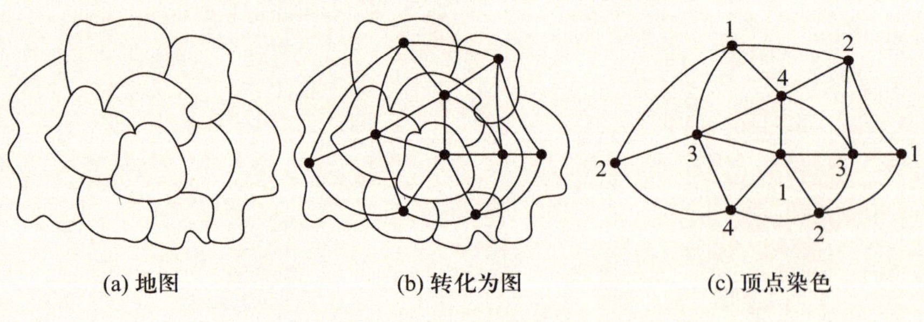

图 7.1　地图染色

四色问题

1. 顶点染色的基本概念

图 G 的**正常顶点 k–染色**是指 k 种颜色 $1,2,\cdots,k$ 对 G 的各顶点的一种分配,使得任意两个相邻的顶点被染上不同的颜色. 若存在 G 的一种正常顶点 k–染色,则称图 G 是 **k–可染的**(k–colourable). 使图 G 是 k–可染的最小的自然数 k 称为 G 的**点色数**,简称为**色数**(chromatic number),记为 $\chi(G)$.

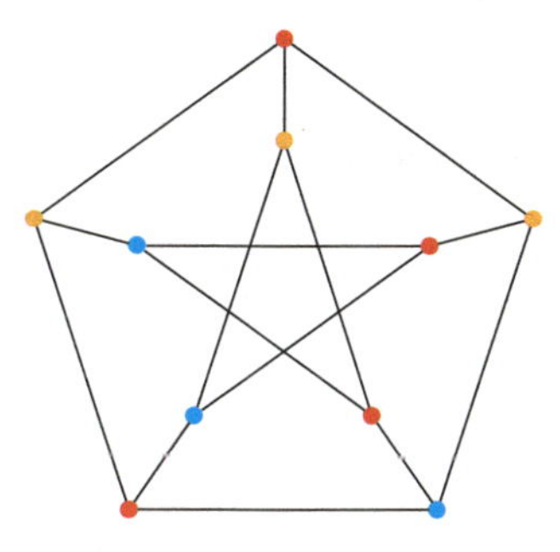

图 7.2 Petersen 图的一种正常顶点 3–染色

例如图 7.2 给出了 Petersen 图的一种正常顶点 3–染色. 显然每个图 G 一定是 n–可染的. 若图 G 是 k–可染的,则对任何正整数 $h\geqslant k$,G 也是 h–可染的.

换句话说,G 的正常顶点 k–染色是对每个顶点用颜色 $1,2,\cdots,k$ 中的一种进行染色,使得染 i 色的顶点形成的集合 V_i 是独立集或空集,$i\in\{1,2,\cdots,k\}$. 这其实是把顶点集 $V(G)$ 划分成 $V_1,V_2,\cdots,V_k$,使得 $V_i\cap V_j=\varnothing$,且 $\bigcup_{i=1}^{k}V_i=V(G)$. 更进一步地,如果 $\chi(G)=k$,则每个 V_i 都是非空的独立集. 这就是说,G 的色数是将 $V(G)$ 划分为尽可能少的非空独立集时,所得独立集的最小数目.

由色数的定义容易证明简单图 G 满足下列性质.

(1) $\chi(G)=1$ 当且仅当 G 是空图,即 $G=\overline{K_n}$,$n\geqslant 1$;

(2) 偶圈的色数为 2,奇圈的色数为 3,即 $\chi(C_{2k})=2$,$\chi(C_{2k+1})=3$;

(3) $\chi(G)=2$ 当且仅当 G 是非空二部图;

(4) $\chi(G)\geqslant 3$ 当且仅当 G 含有奇圈;

(5) $\chi(G)=n$ 当且仅当 $G=K_n$.

思考题 7–1 设 S 是 G 的顶点子集,使得导出子图 $G[S]$ 是完全图,那么图 G 的色数与 S 的点数之间有什么关系?

2. 色数的上界

注意到一个偶圈的色数 2 恰好等于它的最大度,而一个奇圈的色数 3 等于其最大度加 1. 一般地,对于任意给定的一个图,它的色数是否有上界呢? 这是我们下面要讨论的问题.

定理 7.1 对任何简单图 G，$\chi(G)\leqslant\Delta(G)+1$.

证明 设图 G 的阶数为 n，这 n 个顶点记为 $v_1,v_2,\cdots,v_n$. 首先，给 v_1 染上颜色 1. 对于 v_2，若 v_1 和 v_2 相邻，则给 v_2 染 2 色，否则染 1 色. 以此类推，假设 $v_1,v_2,\cdots,v_k(1\leqslant k\leqslant n-1)$ 已经被染上集合 $\{1,2,\cdots,\Delta(G)+1\}$ 中的颜色，我们给 v_{k+1} 选取一个标号尽量小的颜色，并且这个颜色在 $\{v_1,v_2,\cdots,v_k\}$ 中与 v_{k+1} 相邻的顶点上没有用过. 因为 $d(v_{k+1})\leqslant\Delta(G)$，最多有 $\Delta(G)$ 个与 v_{k+1} 相邻的顶点染过色，在集合 $\{1,2,\cdots,\Delta(G)+1\}$ 中必有某个颜色可以给 v_{k+1} 使用. 因此，图 G 的顶点可以用 $\Delta(G)+1$ 种颜色进行正常染色. ■

定理 7.2（Brooks（布鲁克斯），1941） 设 G 是连通的简单图，且 G 既不是奇圈又不是完全图，则

$$\chi(G)\leqslant\Delta(G).$$

注 定理 7.1 给出的上界 $\Delta(G)+1$ 是可以达到的，例如奇圈和完全图的色数恰好等于它们的最大度加 1；定理 7.2 说明达到这个色数上界 $\Delta(G)+1$ 的连通简单图只有奇圈和完全图这两类图.

虽然奇圈和完全图可以达到定理 7.1 提供的色数上界 $\Delta(G)+1$，但某些图类的色数与这个上界相差很远，例如星图 $K_{1,r}$ 的色数为 2，而 $\Delta(K_{1,r})+1=r+1$. 下列定理给出的界在某种程度上是对定理 7.1 的改进.

定理 7.3 设连通简单图 G 中各顶点的度依次为 $d_1,d_2,\cdots,d_n$，并设 $d_1\geqslant d_2\geqslant\cdots\geqslant d_n$，则 $\chi(G)\leqslant 1+\max\limits_i\min\{d_i,i-1\}$.

例 7.1 求 Petersen 图的色数.

解 因 Petersen 图 G 含有奇圈，因而 $\chi(G)\geqslant 3$；另一方面，G 既不是奇圈又不是完全图，且 $\Delta(G)=3$，故 $\chi(G)\leqslant\Delta(G)=3$. 因此，$\chi(G)=3$. ■

思考题 7-2 轮 W_4 的色数是多少呢？你能给出它的正常染色吗？

3. 顶点染色应用举例

由于图的正常顶点染色是用若干颜色对顶点进行染色使得相邻的顶点染不同的颜色，即染同一种颜色的顶点形成的集合是独立集，这其

实是把顶点集划分成一些不交的独立集. 图 G 的色数是将 $V(G)$ 划分为尽可能少的不交的独立集时,所得独立集的最小数目. 因此,这类问题有比较广泛的应用,现列举如下.

(1) 考试安排问题

某校有 n 门选修课 $L_1,L_2,\cdots,L_n$ 需进行期末考试,同一个学生不能在同一天参加两门或两门以上课程的考试. 试问:该校的期末考试至少需要几天? 如何安排?

构造图 $G=(V,E)$ 如下:$V(G)=\{L_1,L_2,\cdots,L_n\}$,$L_iL_j\in E(G)$ 当且仅当课程 L_i 和 L_j 被同一学生选修. 将同一天的考试课程在 G 中对应的顶点染同一种颜色,则考试安排相当于对 G 进行正常顶点染色,所求考试的最少天数即为 G 的色数 $\chi(G)$. 从而考试安排问题就转化为求图 G 的正常顶点 $\chi(G)$-染色问题.

(2) 电视频道分配问题

某地区有 n 家无线电视发射台 $T_1,T_2,\cdots,T_n$,主管部门给每家电视发射台分配一个发射频道. 为了排除同频干扰,使用相同频道的电视发射台之间相距必须大于一定的距离 d. 试问:该地区至少需要多少个频道? 如何分配?

构造图 $G=(V,E)$ 如下:$V(G)=\{T_1,T_2,\cdots,T_n\}$,$T_iT_j\in E(G)$ 当且仅当电视发射台 T_i 和 T_j 的距离不超过 d. 考虑对图 G 进行正常顶点染色,按要求分配一个频道,相当于给 G 中一些不相邻的顶点染同一种色;反之,染同一种颜色的顶点可分配给同一频道. 因此,频道分配相当于对 G 进行正常顶点染色,所求最少频道数即为色数 $\chi(G)$. 从而将电视发射台频道分配问题转化为求图 G 的正常顶点 $\chi(G)$-染色问题.

(3) 交通信号灯问题

在一个城市街道的十字路口上,东、西、南、北方向分别有右转、直行和左转三种类型的车辆,其中右转不受信号灯限制,而直行和左转需要信号灯分别控制. 这个十字路口的交通指示灯将汽车通行状况分为若干时段,指示灯为绿色期间,小汽车可以安全地通过路口. 问至少要把交通灯的通行状况分为几个阶段,才能保证所有车道的车辆都能安全通过十字路口? 假设东、西、南、北方向直行和左转的车辆所使用的车道分别为 $S_1,S_2,S_3,S_4,T_1,T_2,T_3,T_4$.

构造一个图 G,顶点集 $V(G)=\{S_1,S_2,S_3,S_4,T_1,T_2,T_3,T_4\}$,如果两条

车道上的汽车不能在同一时间通过十字路口，这两个顶点就用一条边连接. 解决这个问题需要确定图 G 的色数 $\chi(G)$ 和一个正常顶点染色.

例 7.2 某大学数学学院计划在今年夏天的小学期安排图论（GT）、统计学（S）、数学建模（MM）、组合数学（C）、几何学（G）、近世代数（MA）6 门课程 .10 名学生提交了他们的选课计划.

小安：MM，S； 小包：MA，MM，G；

小陈：MA，G，MM； 小董：G，MM，C；

小方：G，C； 小冯：C，MM，S；

小高：GT，MA，MM； 小韩：MM，GT，S；

小王：C，S，MM； 小吴：GT，S.

利用这些信息，用图论知识确定安排这些课程的最小时间周期，使得有相同学生的两个班不在一天的同一时段上课. 当然，没有相同学生的两个班可以在同一时段上课.

解 首先，构造图 H，它的顶点是 6 个科目. 如果某个学生选了 2 个科目，这 2 个顶点（科目）就被一条边所连接（见图 7.3）. 那么最小时间周期就是 $\chi(H)$. 因为 H 包含奇圈（GT–S–C–G–MA–GT），所以要用 3 种颜色来对这个圈上的顶点染色. 因为 MM 与这个圈上的所有顶点相邻，它需要第 4 种颜色. 也就是说 $\chi(H)\geqslant 4$. 如图 7.3 所示，存在 H 的一个正常顶点 4 – 染色，所以 $\chi(H)=4$. 染色方案也给了我们一种安排方式，即

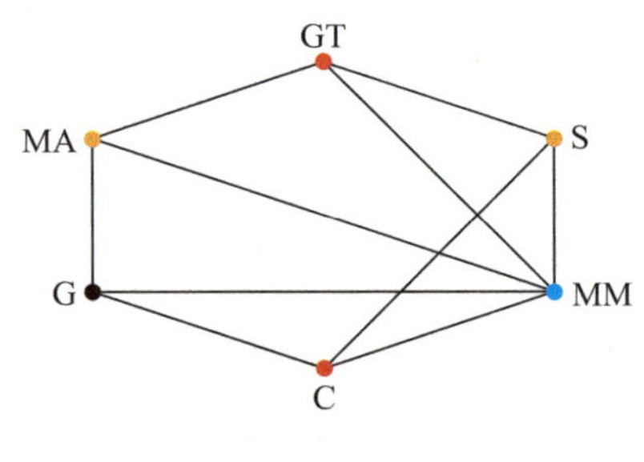

图 7.3 图 H

时段 1：图论（GT），组合数学（C）（红色顶点）；

时段 2：几何学（G）（黑色顶点）；

时段 3：统计学（S），近世代数（MA）（黄色顶点）；

时段 4：数学建模（MM）（蓝色顶点）.

§7.2 平面图的顶点染色

1. 四色定理与五色定理

如果有人声称图论中的某个问题被外界所熟悉,那他一定是指四色定理.

定理 7.4 (四色定理) 每个可平面图是 4 – 可染的.

定理 7.5 (五色定理,Heawood,1890) 每个可平面图是 5 – 可染的.

定理 7.6 (Grötzsch (格勒奇),1959) 每个不包含三角形的可平面图是 3 – 可染的.

定理 7.6 中的三角形是指长度为 3 的圈. 如前所述,对于四色问题,Kempe 在 1879 年发表了一个错误的证明,这个证明在 1890 年被 Heawood 修改为五色定理的证明. 下面我们给出定理 7.5 的证明.

2. 五色定理的证明

证明 设图 G 是阶为 n 的平面图,我们对顶点数 n 作数学归纳法. 当 $n\leqslant 5$ 时,定理结论显然成立. 假设对顶点个数小于等于 $n-1$ 的所有平面图,定理结论都成立. 我们考虑图 G 的点数为 n 的情形.

因为 G 是平面图,由推论 6.2,$\delta(G)\leqslant 5$. 即 G 中存在顶点 v,使得 $d(v)\leqslant 5$. 我们考虑图 $G-v$. 由归纳假设,$\chi(G-v)\leqslant 5$. 如果 v 的邻点最多用了 4 种颜色,再给 v 染上与其邻点相异的第 5 种颜色即可得到 G 的正常顶点 5 – 染色. 所以可以假设 v 恰有 5 个邻点,且染不同的颜色. 设 $v_1,v_2,\cdots,v_5$ 是 v 的邻点,并且它们分别染 1,2,…,5 色. 将它们按顺时针顺序画在平面上(如图 7.4). 用 $G_{1,3}$ 表示 $G-v$ 中染 1 色和染 3 色的顶点导出的子图.

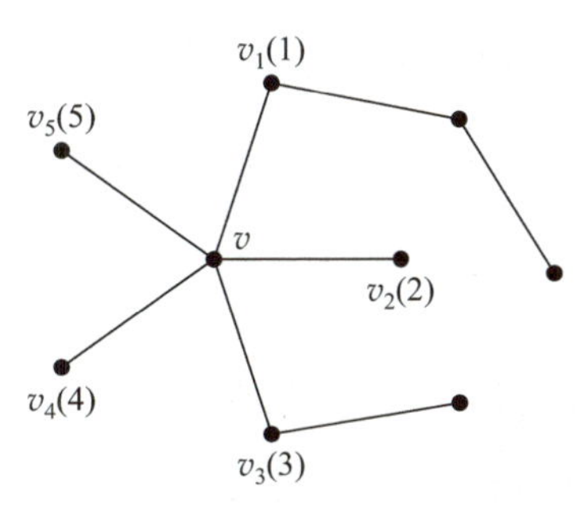

图 7.4 五色定理的证明

(1) 若 v_1 与 v_3 分别在 $G_{1,3}$ 的两个连通分支中,则在含有 v_1 的连通分支中将颜色 1,3 互换,从而使得 v_1 也染 3 色. 这样便可给顶点 v 染 1 色,从而得到

G 的一个正常顶点 5–染色.

(2) 若 v_1 与 v_3 在 $G_{1,3}$ 的同一个连通分支中,则该连通分支中存在一条 (v_1,v_3)–路 P,在 P 上顶点的色 1,3 交替出现. 从图 G 来看,vv_1+P+v_3v 是一个圈. 由于 G 已嵌入平面,故 v_2 与 v_4 必分别处在该圈的内、外,因此在图 $G-v$ 中 2,4 两色的点导出子图 $G_{2,4}$ 中,v_2 与 v_4 分属于两个连通分支(否则,在 $G_{2,4}$ 中有 (v_2,v_4)–路 P',它必与路 P 相交于一个公共顶点 u,由于 u 在 P' 上,故它应该染 2 色或 4 色;u 也在 P 上,它又应该染 1 色或 3 色,这是不可能的). 不妨设 v_2 处在圈内,这时可将 $G_{2,4}$ 中 v_2 所在的连通分支中 2 色与 4 色对换,从而使得 v_2 也染 4 色,再给 v 染 2 色,这样便可得到 G 的一个正常顶点 5–染色. 证毕. ■

定理 7.5 的证明

由定理 7.6,我们知道,每个不包含三角形的可平面图是 3–可染的. 2005 年 Borodin(博罗金)等人证明了不包含 4–圈到 7–圈的平面图也是 3–可染的;最近许宝刚和喻革新等研究了有围长限制的 $\chi(G)\leq 4$ 的图类,感兴趣的读者可参阅文献 [69,70].

§7.3　边染色

上一节我们研究了顶点染色,同理我们也可以对边进行染色,首先介绍关于边染色的概念.

1. 边染色的基本概念

图 G 的**正常 k–边染色**是指给 G 的边用 k 种颜色 $1,2,\cdots,k$ 进行染色,使得相邻的边染不同的颜色,简称为 **k–边染色**. 若存在图 G 的一种 k–边染色,则称 G 是 **k–边可染的**(k–edge colourable),并称这样的最小正整数 k 为 G 的**边色数**(edge chromatic number),用 $\chi'(G)$ 表示.

换句话说,G 的 k–边染色是 k 种颜色对边集的一种分配,使得染同一种颜色的边形成一个匹配. 若 $\chi'(G)=k$,则 G 中任何 k–边染色中染 i 色的边集都是非空的匹配,其中 $i\in\{1,2,\cdots,k\}$. 也就是说,若将边集分解为尽可能少的若干边不交的匹配，则这些匹配的最少个数为 $\chi'(G)$. 图 7.5 给出了 5–圈的一种 3–边染色和轮 W_5 的一种 5–边染色.

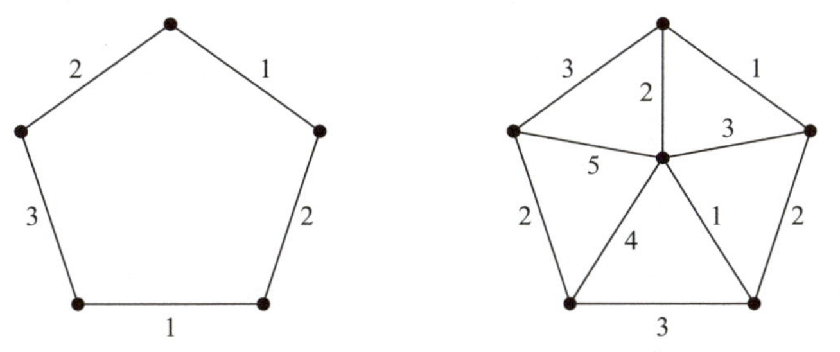

图 7.5 5–圈的一种 3–边染色和轮 W_5 的一种 5–边染色

2. 边色数的界

不难看出，图的边染色具有下列性质：

(1) 每个有 m 条边的图必是 m–边可染的；

(2) 若 G 是 k–边可染的，则对任意的 $l\geqslant k$，G 也是 l–边可染的；

(3) $\chi'(G)\geqslant\Delta(G)$.

由上面的性质可知，边色数有一个自然的下界 $\Delta(G)$，那么是否存在图类使得 $\chi'(G)=\Delta(G)$？边色数是否有上界呢？下面的两个定理给出了解答.

定理 7.7 (König, 1916) 设 G 是二部图，则 $\chi'(G)=\Delta(G)$.

证明 我们对 G 的边数 m 使用数学归纳法. 当 $m=0$ 时，结论显然成立. 现在假设 $m\geqslant 1$，并且对边数小于 m 的图此结论成立. 我们证明对于边数为 m 的图 G，结论也成立，令 $\Delta:=\Delta(G)$. 取定 G 的边 xy，由归纳假设，图 $G-xy$ 存在一个 Δ–边染色，并称染 i 色的边为 i–边.

在图 $G-xy$ 中，顶点 x 和顶点 y 都最多与 $\Delta-1$ 条边关联，所以存在 i，$j\in\{1,2,\cdots,\Delta\}$ 使得 x 不与 i–边关联而 y 不与 j–边关联. 如果 $i=j$，我们就可以给边 xy 染这种颜色，结束；所以我们可以假设 $i\neq j$，并且 x 与一条 j–边关联.

让我们从 x 出发把这条 j–边延伸成一条极大的途径 W，它的边以 j 和 i 交错出现. 因为这种途径中的顶点不会出现两次（为什么呢），所以 W 总是存在的，并且是一条路. 此外，W 中不会包含 y；否则，它将在顶点 y 以 i–边结束（由于 j 的选择），并且是条偶数长的路，所以 $W+xy$ 在

G 中将是一个奇圈,这与二部图不含奇圈矛盾. 现在我们对 W 上的边重新染色,使得 i 色和 j 色互换. 由 i 的选择以及 W 的极大性知,$G-xy$ 中相邻的边依然染不同的颜色. 因此我们在 $G-xy$ 中找到了一个 Δ-边染色,并且 x 和 y 都不与 j-边关联. 通过给 xy 染 j 色,我们就把这个染色扩充成 G 的一个 Δ-边染色. ■

定理 7.7 的证明

> 思考题 7-3 在定理 7.7 的证明中,为什么极大的途径 W 中的顶点不会出现两次,进而 W 是一条路?

定理 7.8 (Vizing,1964) $\Delta(G)\leqslant\chi'(G)\leqslant\Delta(G)+1$.

Vizing(维津)定理提出了一个分类问题:满足 $\chi'(G)=\Delta(G)$ 的简单图称为**第一类图**,而满足 $\chi'(G)=\Delta(G)+1$ 的简单图称为**第二类图**. 但是确定一个图属于第一类还是第二类是很困难的.

显然,二部图是第一类图. 关于两类图目前已知的结论如下:1965 年 Vizing 确定了任意满足 $\Delta(G)\geqslant 8$ 的平面图是第一类图;在 2000 年确定了任意满足 $\Delta(G)=7$ 的平面图也是第一类图;最近吴建良等人证明了一个比平面图更大的图类:不含 K_5-子式的图类且 $\Delta(G)\geqslant 7$ 也是第一类图[26]. 在顶点数至多为 6 的连通简单图中只有 8 个属于第二类图,当顶点数充分大时,几乎所有非空简单图都是第一类图. 第二类图相对较少,已经知道存在最大度为 2,3,4,5 的第二类平面图,目前尚不知道是否存在最大度为 6 的第二类平面图.

> 思考题 7-4 Petersen 图是第一类图还是第二类图? 路、圈、树和完全图属于第一类图还是第二类图?

3. 算法讨论

确定一般图 G 的边色数及其相应的正常边染色尚无多项式时间算法,事实上,这个问题已经被证明是 NP-完全问题. 但是求二部图 $G=(X,Y)$ 的边色数有多项式时间算法. 其基本思想如下:给 G 添加必要的顶点使得 $|X|=|Y|$,再添加必要的边使得 G 成为 $\Delta(G)$-正则二部图,所得图记为 G^*,由例 4.1 的结论,然后反复运用匈牙利算法求 G^* 的完美匹配. 每求出 G^* 的一个完美匹配,便可用一种颜色给这个完美匹配的边染色. 因为共可求得 G^* 的 $\Delta(G)$ 个彼此无公共边的完美匹配,

故可得 G^*(从而 G)的正常 $\Delta(G)$-边染色. 该算法的计算复杂度为 $O(\Delta\cdot(|G|)^3)$.

4. 边染色的应用

边染色经常被用来解决某种计划的安排问题,排课表问题就是这样一类问题. 设有 s 位教师 $x_1,x_2,\cdots,x_s$,t 个班级 $y_1,y_2,\cdots,y_t$,教师 x_i 每周需要给班级 y_j 上 p_{ij} 次(节)课. 要求制订一张周课时尽可能少的课表.

构造二部图 $G=(X,Y)$,其中 $X=\{x_1,x_2,\cdots,x_s\}$,$Y=\{y_1,y_2,\cdots,y_t\}$,顶点 x_i 与 y_j 之间连 p_{ij} 条边,一个课时的安排方案对应于二部图 G 的一个匹配. 排课表问题等价于:将 $E(G)$ 分解成一些匹配,使得匹配的数目尽可能地少. 根据 $\chi'(G)$ 的定义,这个最小的数目便是 $\chi'(G)$. 由定理 7.7 知,$\chi'(G)=\Delta(G)$. 于是排课表问题就等价于求二部图 G 的正常 $\Delta(G)$-边染色.

例 7.3 设有 4 位教师 x_1,x_2,x_3,x_4 和 5 个班级 y_1,y_2,y_3,y_4,y_5,周课时教学矩阵 $T=(t_{ij})$ 表示为

$$T=\begin{array}{c} \\ x_1 \\ x_2 \\ x_3 \\ x_4 \end{array}\begin{array}{c} \begin{array}{ccccc} y_1 & y_2 & y_3 & y_4 & y_5 \end{array} \\ \begin{pmatrix} 2 & 0 & 1 & 1 & 0 \\ 0 & 1 & 0 & 1 & 0 \\ 0 & 1 & 1 & 1 & 0 \\ 0 & 0 & 0 & 1 & 1 \end{pmatrix} \end{array}.$$

问:(1) 课表至少需要几课时?

(2) 请按二部图边染色的方法给出一个课时数最少的课表.

解 构造二部图如图 7.6 (a).

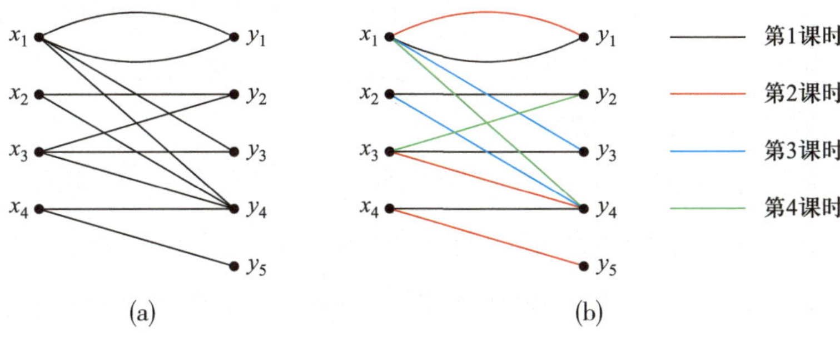

图 7.6 二部图 G 及匹配

由于 $\Delta(G)=4$,故课表至少需 4 课时。

由二部图边染色算法,我们得到 G 的 4 个边不交的匹配 (如图 7.6 (b)),相应的一个 4 课时的课表如下:

教师	课时			
	1	2	3	4
x_1	y_1	y_1	y_3	y_4
x_2	y_2		y_4	
x_3	y_3	y_4		y_2
x_4	y_4	y_5		

§7.4 圆染色及交通信号周期的优化问题

圆染色的概念可以由下列问题引出. 考虑在城市的十字路口设计一个交通控制系统,用来控制和协调路口的车流和人流. 我们需要分配给每个信号灯一段时间,在这个时间段内,该方向的交通流有权通过这个路口,也就是说,它正对着绿灯. 一个完整的信号周期是这样一个时间段,使得每个方向的交通流在此期间都能轮到一次绿灯时间. 我们的目标是使这个周期的长度尽可能短. 假设每个绿灯时间段都是单位长度.

图是解决这个问题的理想模型. 每个交通流用一个顶点表示,如果对应的交通流冲突,即它们的绿灯间隔不能重叠,则两个顶点相邻. 很自然地,我们可以通过确定图的色数来解决上述的信号灯控制问题:将图的顶点集划分为独立集,使得独立集的个数尽可能小. 然后给每个独立集安排一个单位长度的绿灯,使不同的独立集对应不同的绿灯时间段. 那么一个交通周期的时长就是图的色数 $\chi(G)$. 但是,不难看出,这种方法没有提供最优解.

那么怎么求最优解呢? 我们可以把一个交通信号周期看作一个圆 C,每个顶点 (即交通流) 在 C 上被分配给一个单位长度的区间,即绿灯时间. 相邻的顶点在 C 上分配给不相交的区间,我们的目标是最小化 C 的长度. 由此引出了下列圆染色 (circular colouring) 和圆色数 (circular chromatic number) 的概念.

设 C 是 (Euclid) 长度为 r 的一个圆，图 G 的一个 r – **圆染色**是这样一个映射 c：在 C 上，给每一个顶点 $x \in V(G)$ 安排一个单位长度的开弧 $c(x)$，使得对每一条边 $xy \in E(G)$，都有 $c(x) \cap c(y) = \varnothing$. 如果存在 G 的一个 r – 圆染色，我们称 G 是 r – **可圆染色的**，其**圆色数** $\chi_c(G)$ 定义为

$$\chi_c(G) = \inf\{r | G \text{ 是 } r\text{– 可圆染色的}\}.$$

可以证明，$\chi(G) - 1 < \chi_c(G) \leqslant \chi(G)$. 关于这部分的内容，感兴趣的读者可以参阅文献 [79].

知识拓展

1. **色多项式** 对于给定的图 G，用 k 种颜色对它进行正常顶点染色，共有多少种不同的染色方式？这个染色的数目是 k 的一个多项式函数，称为色多项式 (chromatic polynomial). 这个概念是 1912 年由美国数学家 Birkhoff (伯克霍夫) 为研究四色猜想提出的. 尽管迄今为止用此方法没能解决四色猜想，但色多项式的研究丰富了染色理论，并给其他的研究课题提供了帮助. 例如 2022 年菲尔兹奖得主 June Huh (许埈珥) 在读研究生一年级时就证明了色多项式是对数凹的，这也是图论中的一个重要猜想. 在此基础上，他与另外两位数学家宣布合作解决了关于拟阵的 Rota (罗塔) 猜想，因此在数学界引起了轰动. 他们的工作开辟了一条解决组合数学问题的新道路. 关于色多项式的内容请参阅文献 [27].

2. **完美图** 如果 S 是 G 的这样一个点数最大的点子集，使得导出子图 $G[S]$ 是完全图 (后续的章节中我们将定义 S 为最大团)，我们用 $\omega(G)$ 来表示这个点数的最大值. 那么不难看出，$\chi(G) \geqslant |S|$. 如果图 G 的每个导出子图 H 都有 $\chi(H) = \omega(H)$，则称图 G 为完美图. 有几个已知的结论如下：偶圈及其补图都是完美图；奇圈及其补图都不是完美图；任何二部图及二部图的补图都是完美图；二部图的线图及其补图都是完美图. 完美图定理表明：一个图是完美图当且仅当它的补图是完美图.

3. **列表染色** 给定图 G，对它的每个顶点给定一列可以选用的颜色，什么情况下可以给 G 染色，使得每个顶点的染色都选自于给定的列表？这就是列表染色问题，它是点染色的一种推广. 类似地可以定义列表边染色，列表染色还可以进一步推广，如文献 [12] 中要求每一个顶点的列表至少有 k 种颜色，并且对每一条边 xy，顶点 x 和顶点 y 的列表至多有 d 种颜色相同.

4. **整数流与圈覆盖** 平面图的面染色与整数流和圈覆盖有密切的关系.

给定图 G 的定向和一个自然数 k, f 为 $E(G)$ 的一个非零整数值函数, 如果对每一条边 e 都有 $0<f(e)<k$, 且对图的每一个顶点 v, 进入该顶点的边函数值之和等于离开该顶点的边函数值之和, 则称 f 为 G 的处处非零 k-流. 四色猜想等价于 Tutte 猜想: 任意一个 2-边连通平面图有一个处处非零 4-流. 四色问题也等价于双圈覆盖问题: 是否存在三个偶子图, 覆盖一个 2-边连通平面图的每条边恰好两次. 即二者都可以看作是四色猜想的某种等价形式. 从而整数流与圈覆盖问题成为了研究四色猜想的两个重要工具. 感兴趣的读者可以参阅文献 [23,24,76].

习题 7

1. 求 $\chi(W_6)$ 和 $\chi'(W_6)$.

2. 求 $\chi(K_{2,n})$ 和 $\chi'(K_{2,n})$.

3. 证明图 7.7 中的地图 M_1 的顶点可以用 3 种颜色染色, 而地图 M_2 不可以.

4. 证明图 7.7 中的地图 M_1 和 M_2 中的区域可以用 2 种颜色染色.

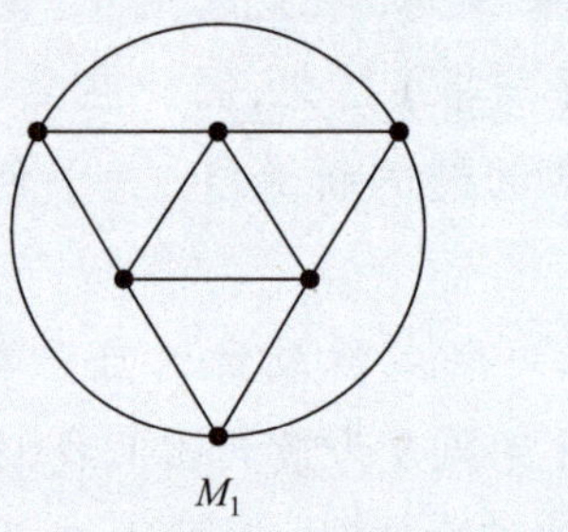

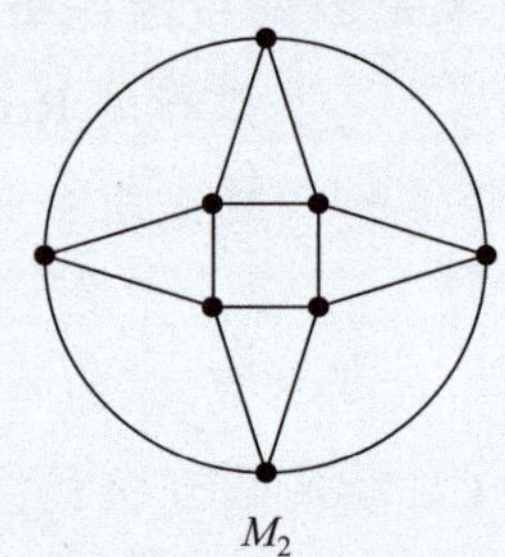

图 7.7　地图 M_1 和 M_2

5. 设 $M=M(G)$ 是一个每个国家均由 3 条边围成的地图, 证明 M 是 3-可染的, 除非 $G=K_4$.

6. 图 7.8 给出了两条繁忙街道的十字路口上的九条车道 $L_1, L_2, \cdots, L_9$ 的情况. 这个十字路口中的交通指示灯将汽车通行状况分为若干时段, 指示灯为绿色期间, 小汽车可以安全地通过路口. 至少要把交通灯的通行状况分为几个阶段才能保证所有车道的车辆都能安全通过十字路口?

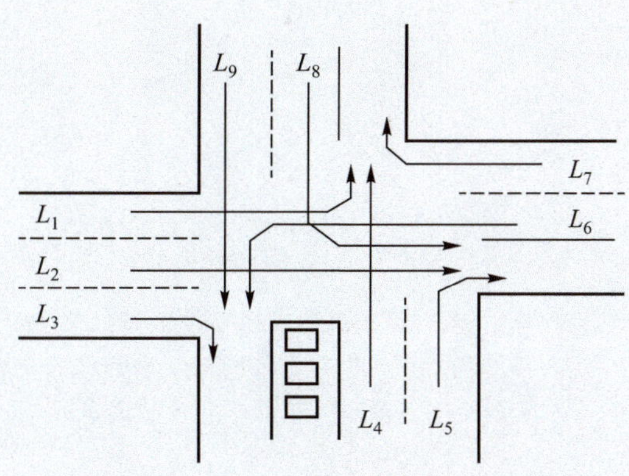

图 7.8 十字路口的交通线

7. 我们定义图 G 是**临界 $k-$色图**，如果 $\chi(G)=k$，且对 G 的任意真子图 H，都有 $\chi(H)<k$. 临界 $k-$色图统称为色临界图. 证明对任意临界 $k-$色图 G，都有 $\delta(G)\geqslant k-1$.

8. 证明如果图的任意两个奇圈都有公共顶点，则 $\chi(G)\leqslant 5$.

9. 不使用四色定理和五色定理，证明每个可平面图都是 $6-$可染的.

10. 证明对任意 $k-$正则二部图 G 都有 $\chi'(G)=k$.

11. 设图 G 的阶 n 为奇数，边数为 m. 证明如果 $m>(n-1)\Delta(G)/2$，那么 G 是第二类图.

12. 桥牌是一种纸牌游戏，现有 A,B,C,D,E 五人参加桥牌比赛. 桥牌游戏在两个二人组中进行，每个二人组 $\{X,Y\}$ 对阵其他所有二人组 $\{W,Z\}$，其中 W 既不是 X 也不是 Y，Z 也一样. 如果每个组一天打桥牌至多一次，那么至少需要多少天可以使所有的组打完比赛？针对这个最少的比赛天数设置一个比赛日程表，哪个图可以模拟这种状况呢？

第 8 章　Ramsey 数与极值图论

本章内容

§8.1 独立集、点覆盖与支配集

本节讨论的独立集、点覆盖和支配集之间有密切的关系，它们是图论与组合优化的重要研究对象，在实际中也有重要的应用.

1. 独立集与团

在绪论部分，我们讨论过 3 个朋友和 3 个陌生人问题，即一次至少 6 人的聚会，要么有 3 人互相认识，要么有 3 人互为陌生人. 如果把这个问题抽象为图模型，用顶点表示人，两人认识则连一条边，不认识则不连边，这样就得到一个图. 那么如何用图论的术语来表示“互为陌生人”呢? 显然可以用第 1 章给出的独立集表示. 下面我们给出相关的几个定义、性质以及它们之间的关系.

在第 1 章，我们定义图 G 的一个顶点子集 I 为独立集，如果 I 中任意两个顶点均不相邻. 更进一步地，若对任意的 $u\in V(G)\setminus I$,$I\cup\{u\}$ 都不再是 G 的独立集，则称独立集 I 为图 G 的一个**极大独立集**. 图 G 中含顶点数最多的独立集称为其**最大独立集**，其顶点数称为 G 的**独立数**，记为 $\alpha(G)$.

如图 8.1, $I_1=\{v\}$, $I_2=\{v_1,v_3,v_5\}$ 都是 G 的独立集且都是极大独立集，其中 I_2 是最大独立集，因此 $\alpha(G)=3$.

设 Q 是 G 的顶点子集，若导出子图 $G[Q]$ 是完全图，则称 Q 是 G 的一个**团** (clique). 若给团 Q 添加 $V(G)\setminus Q$ 中的任何顶点，导出子图都不再是团，则称 Q 是一个**极大团**. 图的含顶点数最多的团称为 G 的**最大团**，其顶点数称为 G 的**团数**，记为 $\omega(G)$. 含 k 个顶点的团记为 k-团.

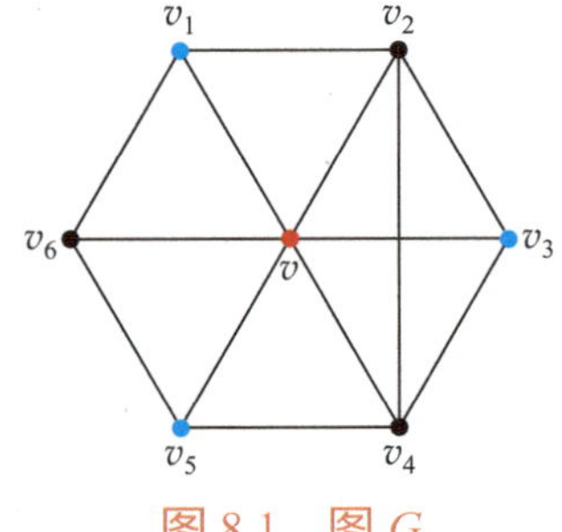

图 8.1 图 G

如图 8.1, $\{v,v_1,v_2\}$ 和 $\{v,v_2,v_3\}$ 都是 G 的团. 前者是极大团，而后者不是，但 $\{v,v_2,v_3,v_4\}$ 是 G 的极大团，也是最大团，所以 $\omega(G)=4$.

注 (1) 任何非平凡的树，其团数均为 2.

(2) 团和独立集是两个互补的概念，即 Q 是 G 的团当且仅当 Q 是其补图 $\overline{G}$ 的独立集; Q 是 G 的极大(最大)团当且仅当是其补图 $\overline{G}$ 的极大(最大)独立集.

思考题 8-1 Petersen 图的独立数是多少呢?

2. 点覆盖

对于图 $G=(V, E)$ 及其顶点子集 K,如果 G 的每条边至少有一个端点属于 K,则称 K 是 G 的一个**点覆盖**(vertex cover). 如果一个点覆盖的任何真子集都不再是点覆盖,则称其是一个**极小点覆盖**. 图 G 的含顶点数最少的点覆盖称为**最小点覆盖**,其顶点数称为 G 的**点覆盖数**,记为 $\beta(G)$.

在图 8.1 中,$\{v, v_2, v_4, v_6\}$ 和 $\{v_1, v_2, v_3, v_4, v_5, v_6\}$ 都是 G 的点覆盖,且都是极小点覆盖,其中前者是最小点覆盖,因此 $\beta(G)=4$.

以下定理描述了点覆盖与独立集之间的关系.

定理 8.1 顶点子集 K 是图 $G=(V,E)$ 的点覆盖当且仅当 $V\backslash K$ 是 G 的独立集,并且 $\alpha(G)+\beta(G)=n$.

证明 如果 K 是图 G 的点覆盖,那么 G 的每条边至少有一个端点在 K 中,从而没有两个端点都在 $V\backslash K$ 中的边. 由定义知 $V\backslash K$ 是独立集;反之亦然. 如果 K 是图 G 的最小点覆盖,那么 $V\backslash K$ 是最大独立集,从而 $\alpha(G)+\beta(G)=n$. ■

3. 支配集

我们来看这样一个问题,一个著名的美术馆有 12 个房间,用来展览一些名贵的画,每个房间和相邻的房间都是相通的,如图 8.2 (a). 现要放置一些摄像头进行监视,如果一个房间放置了摄像头,则能监视这个房间和相邻的房间. 问如何放置摄像头,使得所有房间都能被监视,并且摄像头数目最少?

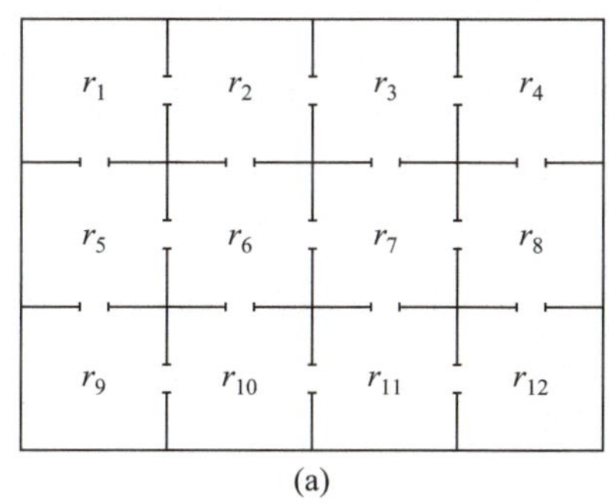

(a)

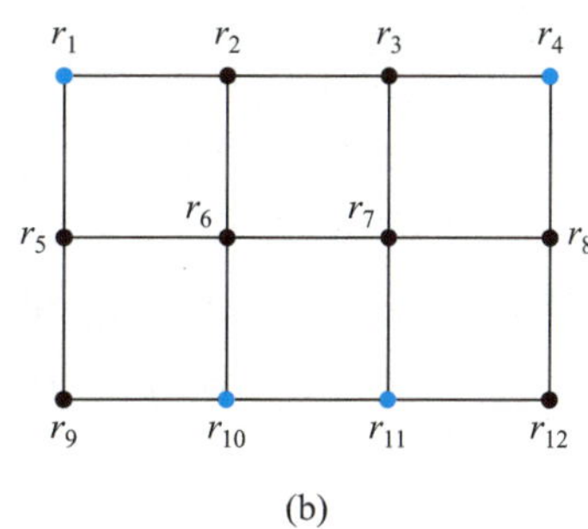

(b)

图 8.2 美术馆和图模型

我们可以用图模型来表示这个问题,用顶点表示每个房间,相邻的房间连一条边,则得到图 8.2 (b). 那么摄像头的放置问题就是如何求这个图的“支配集”的问题,那么什么是支配集呢?

对于图 G 及其顶点子集 S,如果对 G 的任意顶点 u,要么 $u \in S$,要么 u 与 S 中的某些顶点相邻,则称 S 为图 G 的一个**支配集** (dominating set),也称为**控制集**. 如果一个支配集的任何真子集都不是支配集,则称它为**极小支配集**. 图 G 的含顶点最少的支配集称为**最小支配集**,其顶点个数称为 G 的**支配数**,记为 $\gamma(G)$. 如图 8.2 (b) 中,$\{r_1, r_4, r_{10}, r_{11}\}$ 是最小支配集,因此 $\gamma(G)=4$.

下面的定理说明了独立集与支配集的关系.

定理 8.2 给定图 $G=(V,E)$,则以下结论成立:

(1) 图 G 的极大独立集必是 G 的极小支配集,反之不然;

(2) 若 I 是图 G 的独立集,则它是极大独立集当且仅当它是支配集;

(3) $\gamma(G) \leqslant \alpha(G)$.

证明 (1) 设 I 是 G 的一个极大独立集. 任给 $u \in V \setminus I$, u 必与 I 中某顶点相邻 (否则与 I 的极大性矛盾),可见 I 是一个支配集. 又对任意的 $v \in I$, v 必与 $I-v$ 中的顶点不相邻,即 $I-v$ 不再是支配集. 由定义知, I 是极小支配集.

反之,如图 8.3, $\{v_1, v_2\}$ 是极小支配集,但却不是极大独立集. 实际上它根本不是独立集.

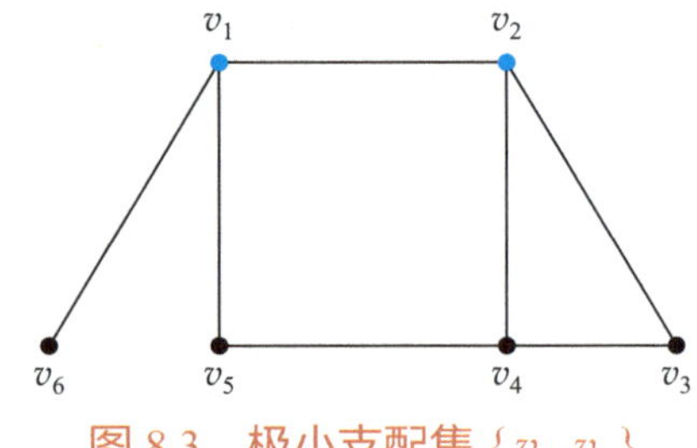

图 8.3 极小支配集 $\{v_1, v_2\}$

(2) 必要性由 (1) 显然成立.

下面证充分性,设 I 是独立集又是支配集,则对任意的 $v \in V \setminus I$,因为 I 是支配集, v 必与 I 中某顶点相邻,故 $I \cup \{v\}$ 不是独立集. 可见 I 是极大独立集.

(3) 设 I 是 G 的一个最大独立集,则它必然是一个极大独立集. 由 (1) 知, I 是 G 的一个极小支配集. 因此 $\gamma(G) \leqslant |I| = \alpha(G)$,结论成立. ■

> 思考题 8-2 对于定理 8.2 的公式 $\alpha(G) \geqslant \gamma(G)$,你能找到一个图说明“=”不成立吗?

注 点覆盖与支配集是容易混淆的两个概念. 在连通图中,点覆盖必为支配集,但支配集未必是点覆盖. 比如在图 8.1 中, $\{v\}$ 和 $\{v_1,v_3,v_5\}$ 都是 G 的支配集,但不是点覆盖. 它们的本质区别在于,点覆盖是用点覆盖边,即每条边都至少有一个端点在点覆盖中;而支配集是用点支配点,即对于图中的每个顶点,它要么在支配集中,要么与支配集中的顶点相邻.

支配集的应用比较广泛,如收款台的设置、执勤岗哨的设置,以及交叉路口交通监控器的设置等. 下面我们详细说明支配集在应急中心选址问题上的应用.

应急中心的选址 欲对 n 个地点 $v_1,v_2,\cdots,v_n$ 设置若干个应急中心,使得每个地点都与至少一个应急中心相邻(有直达通路). 同时为了减少造价,应急中心的数目要尽可能少. 问应设多少个? 如何设置? 以 n 个地点为顶点集,两点之间有直达通路时则连一条边,这样得到一个图 G. 那么问题就转化为求图 G 的最小支配集问题.

4. 算法复杂性

事实上,最小点覆盖问题、最大独立集问题和最小支配集问题都是十分困难的问题,目前尚没有有效的精确型算法求它们的最优解.

以下三个著名的问题由 Karp(卡普)在 1972 年证明是 NP-完全的.

(1) 给定图 G 和一个整数 k, G 中是否存在 k 个顶点的独立集?

(2) 给定图 G 和一个整数 k, G 中是否存在 k 个顶点的点覆盖?

(3) 给定图 G 和一个整数 k, G 中是否存在 k 个顶点的团?

利用点覆盖的 NP-完全性,可以证明下列支配集问题是 NP-完全的:给定图 G 和一个整数 k,是否存在 $X\subseteq V(G)$ 使得 $|X|\leqslant k$ 并且 $X\cup N(X)=V(G)$?

注 设计求最小点覆盖、最大独立集和最小支配集的近似算法,或在某些约束条件下寻找它们的精确算法,是目前的研究热点问题.

§8.2 Ramsey 数

如前所述,团和独立集是两个互补的概念. 即顶点子集 Q 是图的

团当且仅当 Q 是补图的独立集. 直观上判断,一个图如果没有大的团则应该有大的独立集. 这一问题属于 Ramsey 理论的研究范畴.

Ramsey 数

Ramsey 数是图论的重要函数之一,它是一个以两个正整数作为变量的函数. 我们考虑这样一个问题:要找一个最小的数 n,使得 n 个人中必定有 p 个人相识或 q 个人互不相识. 这类问题的研究通常被认为是一个组合分支,以 Ramsey 的名字命名,称为 Ramsey 理论. Ramsey 于 1903 年生于英国剑桥,后来进入剑桥大学三一学院学习数学,在他短促的一生中,对许多领域做出了开拓性的贡献. 1930 年 Ramsey 在论文 *On a Problem in Formal Logic*(《形式逻辑上的一个问题》)中证明了当 $p=q=3$ 时,$n=6$. 对于较大的 p,q,这样的 n 真的存在吗? 是否会发生即使 n 足够大却还不满足上述条件的情况呢? Ramsey 定理会告诉我们,Ramsey 数是存在的.

Ramsey 数

1. 3 个朋友和 3 个陌生人问题

定理 8.3 3 个朋友和 3 个陌生人问题的答案是 6 人,即任意 6 个人的聚会上,总有 3 人互相认识或互不认识.

证明 用 6 个顶点代表 6 个人,构造 6 阶完全图 K_6. 如果两人互相认识,则将它们的连边染红色,否则染蓝色. 那么问题就转化为:将 K_6 的边进行任意红、蓝染色后,一定会出现红色三角形或蓝色三角形.

在完全图 K_6 中任取一个顶点记为 u,由组合学中的鸽笼原理,以 u 为端点的 5 条连边中至少有 3 条是同色的. 不妨设边 uv,uw,ux 都为红色,如图 8.4(a). 现在考察连接 v,w,x 的 3 条边(图 8.4(b)),若这 3 条边全为蓝色,则 $vwxv$ 就是一个同色三角形(蓝色). 否则,这 3 条边中必有红色边,不妨设为 vw,则 $uvwu$ 构成一个同色三角形(红色),证毕. ■

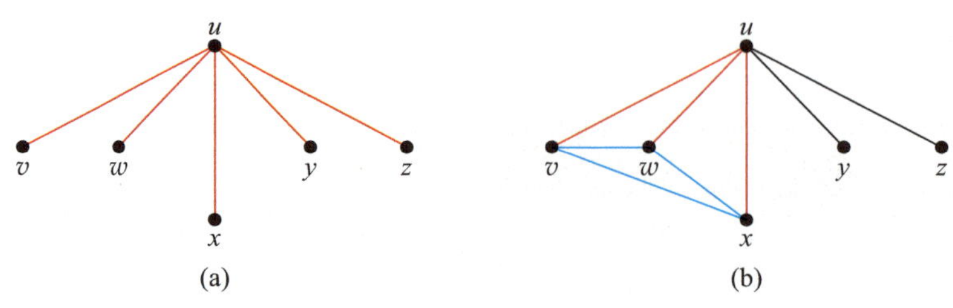

图 8.4 定理 8.3 的图示

上述定理说明用红、蓝两种颜色对完全图 K_6 的边进行染色后，要么有红色三角形 (K_3)，要么有蓝色三角形 (K_3). 但对 K_4,K_5 的边进行红、蓝染色后，并不能总能得到同色三角形 (图 8.5). 这表明用两种颜色给完全图的边染色，若要求一定出现同色三角形，则完全图至少应为 6 阶 (K_6).

注　本节所说的染色是对边进行的任意染色，并不要求相邻边染不同的颜色，不同于第 7 章的正常染色，这其实是对边进行分类的一种表达方式.

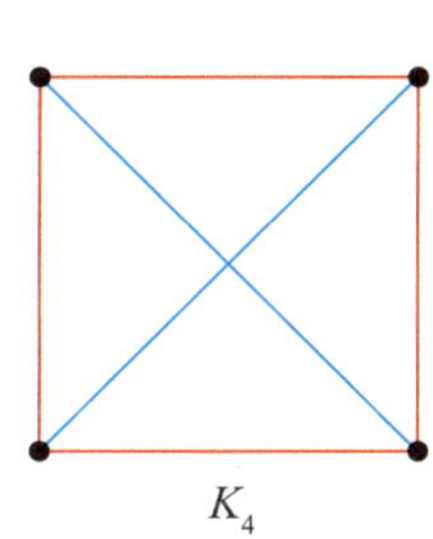

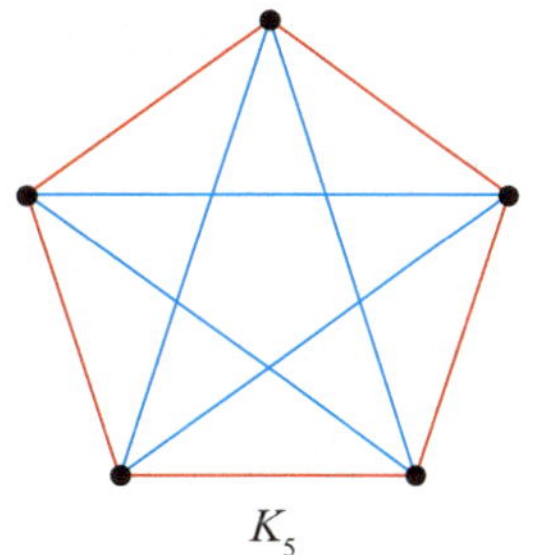

图 8.5　完全图 K_4,K_5 的红、蓝染色

2. Ramsey 数问题

我们看到，用红、蓝两种颜色对完全图 K_6 的边进行任意染色后，要么有红色三角形 (K_3)，要么有蓝色三角形 (K_3)，把这个问题中的红色完全子图 K_3 和蓝色完全子图 K_3 一般化，就得到 Ramsey 数问题.

Ramsey 数问题　任给自然数 p 和 q，用红、蓝两种颜色对完全图的边进行染色，要求不论怎么染，都能要么出现染红色的 p 阶完全子图 K_p，要么出现染蓝色的 q 阶完全子图 K_q，这样的完全图至少应有多少个顶点？所求的完全图的最少顶点数称为 Ramsey **数**，记为 $r(p,q)$.

如果将红色边形成的子图记为 G，则蓝色边形成的子图是 G 的补图 $\overline{G}$. 注意到图与补图和团与独立集的互补性，那么补图 $\overline{G}$ 包含 K_q 当且仅当图 G 包含 q 阶的独立集 $\overline{K_q}$. 因此上述问题也可描述为以下两种形式:

求 $r(p,q)=\min\{r|$ 要么每个 r 阶图 $G\supseteq K_p$，要么补图 $\overline{G}\supseteq K_q\}$.

求 $r(p,q)=\min\{r|$ 每个 r 阶图都包含 K_p 或 $\overline{K_q}$ 作为其导出子图$\}$.

注　Ramsey 数问题的上述三种表述经常交替使用，因此 6 人相识问题就转化为任意 6 个顶点的图要么含一个三角形，要么含三个点的独立集.

Ramsey (1930) 证明了任给两个正整数 p,q，存在正整数 $r(p,q)$，使得每一个阶大于等于 $r(p,q)$ 的图要么包含 p 个顶点的团，要么包含 q 个点的独立集，即任给正整数 p,q，每一个充分大的图都包含 K_p 或 $\overline{K_q}$ 作为其导出子图.

3. Ramsey 数及上下界

由定理 8.3，$r(3,3)=6$. 由定义易见

$$r(1,q)=r(p,1)=1, \tag{8.1}$$

$$r(2,q)=q\ ,\ r(p,2)=p. \tag{8.2}$$

再由互补性易得

$$r(p,q)=r(q,p). \tag{8.3}$$

下面的定理由 Erdős、Szekeres (塞凯赖什) (1935) 和 Greenwood (格林伍德)、Gleason (格利森) (1955) 给出.

定理 8.4 设 $p,q\geqslant 2$ 为正整数，则

$$r(p,q)\leqslant r(p,q-1)+r(p-1,q), \tag{8.4}$$

且当 $r(p,q-1)$ 和 $r(p-1,q)$ 都是偶数时，不等号严格成立.

证明 设 G 是 $n=r(p,q-1)+r(p-1,q)$ 阶的图，我们将证明图 G 要么包含 p 个顶点的团，要么包含 q 个点的独立集作为其导出子图. 设 v 是图 G 的任一顶点. 对 $V(G)-v$ 的任意一个顶点，要么它与 v 相邻，要么不相邻，这些顶点的数目为 $n-1$，即与 v 不相邻的点数加上与 v 相邻的点数等于 $r(p,q-1)+r(p-1,q)-1$. 那么下列两种情况之一成立：

情况 1 顶点 v 与一个集合 S 中的顶点都不相邻，其中 $|S|\geqslant r(p,q-1)$；

情况 2 顶点 v 与一个集合 T 中的顶点都相邻，$|T|\geqslant r(p-1,q)$.

在情况 1 中，由定义，$G[S]$ 要么包含 p 个顶点的团，要么包含 $q-1$ 个点的独立集. 因此 $G[S\cup\{v\}]$ 要么包含 p 个顶点的团，要么包含 q 个点的独立集. 同理，在情况 2 中，$G[T]$ 要么包含 $p-1$ 个顶点的团，要么包含 q 个点的独立集. 因此 $G[T\cup\{v\}]$ 要么包含 p 个顶点的团，要么包含 q 个点的独立集. 这就证明了 $r(p,q)\leqslant r(p,q-1)+r(p-1,q)$.

现在假设 $r(p,q-1)$ 和 $r(p-1,q)$ 都是偶数，设 G 是 $r(p,q-1)+r(p-1,q)-1$ 阶的图，我们将证明图 G 要么包含 p 个顶点的团，要么包

含 q 个点的独立集. 由推论 1.1 可知,图中奇度顶点的个数为偶数. 因为 G 有奇数个顶点,那么 G 中一定存在某个顶点 v 的度是偶数;特别地, v 不能恰与 $r(p-1,q)-1$ 个顶点相邻. 因此上述情况 1 或情况 2 成立,所以图 G 要么包含 p 个顶点的团,要么包含 q 个点的独立集,从而 $r(p,q)<r(p,q-1)+r(p-1,q)$,证毕. ■

一般来说,确定 Ramsey 数问题是一个非常困难的问题,其下界可以通过构造合适的图得到. 例如,考虑图 8.6 和图 8.7 中的 4 个图.

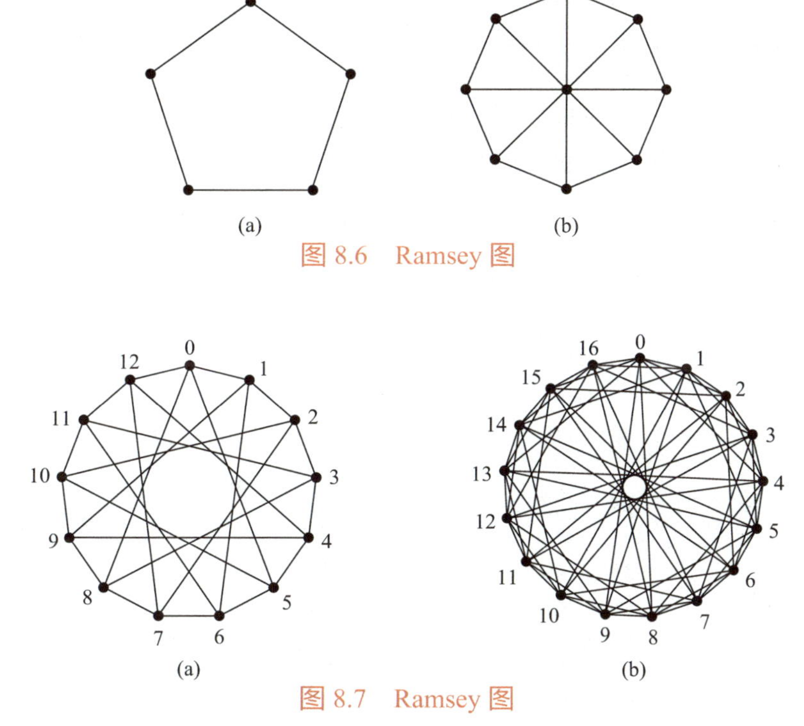

图 8.6　Ramsey 图

图 8.7　Ramsey 图

图 8.6 (a) 表明 5–圈不包含 3 个顶点的团,也不包含 3 个顶点的独立集,因此 $r(3,3)\geqslant 6$;图 8.6 (b) 被称为 Wagner 图,它不包含 3 个顶点的团,没有 4 个顶点的独立集,所以 $r(3,4)\geqslant 9$. 类似地,图 8.7 (a) 和 (b) 分别表明 $r(3,5)\geqslant 14$, $r(4,4)\geqslant 18$.

上述的这四个图分别被称为 (3,3)–Ramsey 图、(3,4)–Ramsey 图、(3,5)–Ramsey 图, 以及 (4,4)–Ramsey 图. 确切地说, 一个 (p,q)–**Ramsey 图**是一个 $r(p,q)-1$ 阶的图,它既不含 p 个顶点的团,也不含 q 个顶点的独立集.

借助定理 8.4 和公式 (8.2), (8.4),我们可以证明上述几个 Ramsey 数的“$\leqslant$”成立,即 $r(3,4)\leqslant 9$, $r(3,5)\leqslant 14$, $r(4,4)\leqslant 18$. 这是因为

$$r(3,4)\leqslant r(3,3)+r(2,4)-1=9,$$
$$r(3,5)\leqslant r(3,4)+r(2,5)=14,$$
$$r(4,4)\leqslant r(4,3)+r(3,4)=18.$$

结合它们的 Ramsey 图,我们得到 $r(3,4)=9,r(3,5)=14,r(4,4)=18$.

一般地,确定 Ramsey 数是非常困难的问题. Erdős 曾以一个故事来描述寻找 Ramsey 数的难度:“想象有外星人军队在地球降落,要求取得 $r(5,5)$ 的值,否则便会毁灭地球. 在这个情况下,我们应该集中所有电脑和数学家尝试去找这个数值. 若它们要求的是 $r(6,6)$ 的值,我们可能要尝试毁灭这队外星人了”.

表 8.1 列出了目前已经确定的所有 Ramsey 数和一些上、下界,相应位置上有一个数字的即为对应的 Ramsey 数,有两个数字的为其对应 Ramsey 数的下界和上界,例如 $r(5,5)$ 对应的两个数 43 和 48 分别为其下界和上界,即 $43\leqslant r(5,5)\leqslant 48$.

表 8.1　Ramsey 数和上、下界

l	k												
	3	4	5	6	7	8	9	10	11	12	13	14	15
3	6	9	14	18	23	28	36	40 43	46 51	52 59	59 69	66 78	73 88
4		18	25	35 41	49 61	56 84	69 115	92 149	97 191	128 238	133 291	141 349	153 417
5			43 48	58 87	80 143	101 216	121 316	141 442	157	181	205	233	261
6				102 165	111 298	127 495	169 780	178 1 171	253	262	317		401
7					205 540	216 1 031	232 1 713	 2 826	405	416	511		
8						282 1 870	317 3 583	 6 090			817		861
9							565 6 588	580 12 677					
10								798 23 556					1 265

思考题 8-3　你能用定理 8.4 证明 $r(3,3)=6$ 吗?

关于 Ramsey 数的上、下界，我们还有下面几个结论. 其中定理 8.5 可由定理 8.4 用数学归纳法证明得出，而定理 8.6 很容易由定理 8.5 推得.

定理 8.5 设 $p,q\geqslant 2$，则 $r(p,q)\leqslant\binom{p+q-2}{p-1}$，其中 $\binom{p+q-2}{p-1}$ 表示从 $p+q-2$ 个元素中选取 $p-1$ 个元素的组合数.

证明 我们用数学归纳法对 $p+q$ 进行归纳来证明定理. 由公式 (8.1) 和 (8.2) 可知，定理当 $p+q\leqslant 5$ 时成立. 设 s 和 t 是正整数，并假设定理对所有满足 $5\leqslant p+q<s+t$ 的正整数 p,q 都成立，即对 $r(s,t-1)$ 和 $r(s-1,t)$，结论成立.

另一方面，我们已知的组合恒等式如下

$$\binom{k-1}{l}+\binom{k-1}{l-1}=\binom{k}{l}.$$

根据定理 8.4 和归纳假设，我们得到

$$r(s,t)\leqslant r(s,t-1)+r(s-1,t)\leqslant\binom{s+t-3}{s-1}+\binom{s+t-3}{s-2}=\binom{s+t-2}{s-1}.$$

故定理对所有的 p,q 都成立，证毕. ■

定理 8.6 设 $p,q\geqslant 2$，则 $r(p,q)\leqslant 2^{p+q-2}$. 特别地，当 $p\geqslant 3$ 时，$r(p,p)>2^{\frac{p}{2}}$；当 $q\geqslant 3$ 时，$(1-o(1))\dfrac{q^2}{\log q}\leqslant r(3,q)\leqslant\dfrac{q^2+3}{2}$.

这里不再给出定理 8.6 的详细证明，感兴趣的读者可参阅文献 [9].

Sah (沙赫) 在 2020 年给出了下列结果，从而大大优化了 Ramsey 数当 $p=q$ 时的上界，这里 $p\geqslant 3$：

$$r(p+1,p+1)\leqslant \mathrm{e}^{-c(\log p)^2}\binom{2p}{p}.$$

Ramsey 理论表明“完全的无序是不可能的”，即一个集合中只要其元素的数量达到某个值后，一定会出现某种性质或者结构. 例如鸽笼原理就表明了这种“混乱中的秩序”：把 $n+1$ 只鸽子关进 n 个笼子，必然有一个笼子里至少有两只鸽子. 或者给定 n 个笼子，如果要至少两只鸽子在同一笼子的现象一定发生，至少需要多少只鸽子？答案是 $n+1$ 只.

思考题 8-4 至少需要多少人才能保证一群人里面一定有两个人的生日是同一天呢？

§8.3 极值图论

图的整体参数(如边密度)对局部结构(如子图)的影响问题是极值图论研究的问题. 这是图论中的基本问题,已经得到了一些深刻且有趣的结果. 本节将研究图论中的极值问题.

1. Mantel 定理

我们已经知道一些这样的结论:一个简单图如果有“许多”边(根据其顶点的数量),则必定包含一个特定子图. 例如,任意一个有 n 条边的 n 阶简单图包含一个圈,那么任意一个有多少条边的 n 阶简单图就能包含一个三角形呢? 著名的 Mantel 定理给出了答案.

Mantel 定理(Mantel(曼特尔),1907) 如果阶为 n 的简单图的边数大于 $n^2/4$,则它包含一个三角形.

证明 设 v 为图 G 中度最大的点,并设 $d(v)=k$,则 $G[N(v)]$ 中没有边(否则含三角形). 并且 G 中除了 $N(v)\cup\{v\}$ 之外的点度数都不大于 k,则边数 m 满足下列不等式

$$\begin{aligned} m &\leqslant k+(n-k-1)k \\ &=-k^2+nk \\ &=-(k-\frac{n}{2})^2+\frac{n^2}{4}. \end{aligned}$$

上式当 $k=n/2$ 时取最大值 $n^2/4$,即图 G 的边数大于 $n^2/4$ 时,则包含一个三角形,证毕. ■

> 思考题 8-5 阶为 n 的简单图至少有多少条边就能保证它包含一条长为 2 的路呢?

2. 基本概念

我们知道一个三角形也是三个顶点的完全图 K_3,任意给定正整数 r,一个自然的问题是,n 阶图含多少条边可以保证无论这些边怎么放置都必包含一个 K_r 子图? 一般地,设 H 是一个阶至多为 n 的图. 一个 n

阶图 G 需要有多少条边，使得无论这些边在图中如何摆放，都保证 G 包含 H 作为子图呢？这个问题可以重新表述为：一个 n 阶图，如果它不包含 H 作为子图，那么它最多可能的边数是多少呢？这样的图的外部特征是怎么样呢？这样的图是唯一的吗？

如果图 $G\not\supseteq H$，但是任意在 G 中再添加一条边就包含 H，则称 G **关于 H 是边极大的**；如果 G 的边数是最多的，就称 G 关于 n 和 H 是**极值的**（extremal）；G 的边数记作 $ex(n,H)$.

由定义容易看出，任何关于某个 n 和 H 是极值的图 G，也是关于 $H\not\subseteq G$ 边极大的. 反过来，边极大性并不蕴含极值性：G 完全可能是关于 $H\not\subseteq G$ 边极大的，然而边数却少于 $ex(n,H)$.

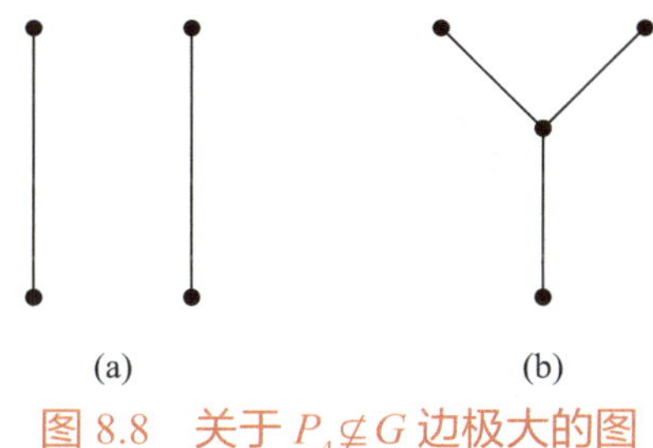

图 8.8 关于 $P_4\not\subseteq G$ 边极大的图

图 8.8 是两个关于 $P_4\not\subseteq G$ 边极大的图，其中 P_4 为四个顶点的路；那么两图是否是极值的？显然，图 8.8（a）不是极值的，而图 8.8（b）是极值的.

作为一种特殊情形，我们考虑 $H=K_r\,(r>1)$ 时的问题. 稍微思考一下就会发现，**不包含 K_r 的边极大图应该从所有的 $(r-1)$-部完全图中选取.** 但是在这些图中，边数最多的是哪一个呢？不难发现，是那些部集的阶尽可能接近的图，即它们每部分的元素个数相差至多为 1：如果 V_1 和 V_2 是两个部集，并满足 $|V_1|-|V_2|\geqslant 2$，则我们可以通过从 V_1 中移动一个顶点到 V_2 中来增加 $(r-1)$-部完全图的边数.

下面我们给出一个重要的定义. 具有 $n\,(n\geqslant r-1)$ 个顶点的 $(r-1)$-部完全图，使得它的部集之间的大小差别至多为 1，称为 **Turán（图兰）图**，用 $T_{r-1}(n)$ 来表示，其边数用 $t_{r-1}(n)$ 表示. 显然，对于给定的 r,n，Turán 图 $T_{r-1}(n)$ 是唯一的（如图 8.9）.

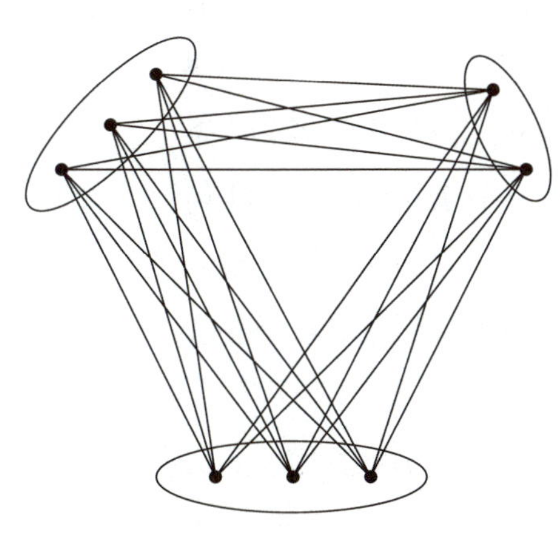
图 8.9 Turán 图 $T_3(8)$

对于 $n<r-1$，形式上我们将继续使用这些定义，但和以往的术语不同的是，我们将允许其中的一些部集为空. 显然，对所有的 $n\leqslant r-1$ 有 $T_{r-1}(n)=K_n$. 下面的定理表明 $T_{r-1}(n)$ 关于 n 和 K_r 确实是极值的，而且是唯一的；特别地，$ex(n,K_r)=t_{r-1}(n)$.

3. Turán 定理

定理 8.7（Turán 定理）（Turán，1941） 对所有整数 r, n 且 $r>1$，每个顶点数为 n 且边数为 $ex(n, K_r)$ 的图 G，如果 $G \not\supseteq K_r$，则 $G=T_{r-1}(n)$.

证明 我们对 n 用归纳法进行证明. 当 $n \leqslant r-1$ 时，显然 $G=K_n=T_{r-1}(n)$. 现在假设 $n \geqslant r$.

因为 G 是一个不包含子图 K_r 的边极大图，所以 G 有一个子图 $K=K_{r-1}$. 由归纳假设，$G-K$ 至多有 $t_{r-1}(n-r+1)$ 条边，且 $G-K$ 的每个顶点在 K 中至多有 $r-2$ 个邻点. 因此 G 的边数满足

$$|E(G)| \leqslant t_{r-1}(n-r+1)+(n-r+1)(r-2)+\binom{r-1}{2}=t_{r-1}(n), \quad (8.5)$$

其中右边的等式可由 $T_{r-1}(n)$ 得到（如图 8.10）.

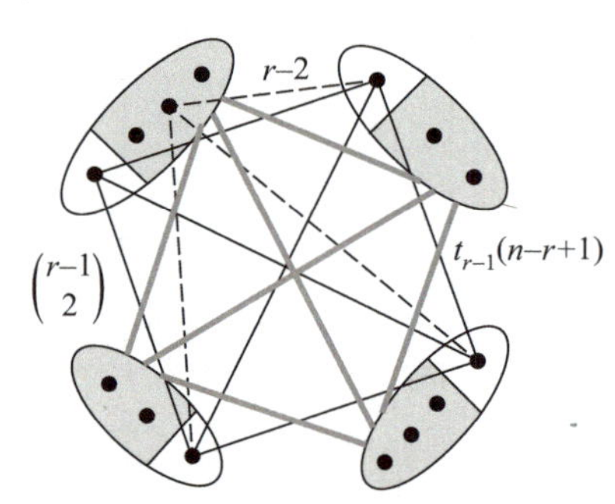

图 8.10 Turán 图 $T_{r-1}(n)$，其中 $r=5, n=14$

因为图 G 关于 K_r 是极值的（并且 $T_{r-1}(n) \not\supseteq K_r$），所以我们在 (8.5) 式中取等式. 因此 $G-K$ 中每个顶点在 K 中恰好有 $r-2$ 个邻点，正如 K 中的顶点 $x_1, x_2, \cdots, x_{r-1}$ 那样. 对每个 $x_i\ (i=1,2,\cdots,r-1)$，考虑不与它相邻的顶点的集合，并令

$$V_i=\{v \in V(G) | vx_i \notin E(G)\}$$

是 G 中在 K 中有 $r-2$ 个邻点，但这些邻点不包括 x_i 的所有顶点的集合. 因为 $K_r \not\subseteq G$，所以每个集合 V_i 是独立的，并且它们构成 $V(G)$ 的一个划分. 因此，G 是 $(r-1)$-部的. 因为 $T_{r-1}(n)$ 是唯一的有 n 个顶点且边数最多的 $(r-1)$-部图，由 G 的极值性假设得到 $G=T_{r-1}(n)$，证毕. ■

定理 8.7 的证明

Turán 图是稠密的，它大约有 n^2 条边，值得注意的是只需再多 εn^2 条边（对任何固定的 $\varepsilon>0$ 和大的 n），它就不仅包含一个 K_r 子图，而且包含一个平衡 r-部图，使得每一部集含 s 个顶点，其中 s 是任意给定的一个正整数. 易见这个 r-部图包含大量的 K_r 子图，这就是 Erdős-Stone（埃尔德什-斯通）定理.

定理 8.8（Erdős，Stone，1946） 对所有的整数 $r \geqslant 2$ 和 $s \geqslant 1$，以及每个 $\varepsilon>0$，存在一个正整数 n_0，使得每个阶为 $n \geqslant n_0$ 且边数至少为 $t_{r-1}(n)+\varepsilon n^2$ 的图包含一个平衡 r-部图，使得每一部集含 s 个顶点.

Erdős-Stone 定理是图论中的著名定理,不仅它本身非常重要,而且还能得出十分有趣的推论,感兴趣的读者可以参阅文献 [19].

对于给定的图 H,它的极值与染色数也有关系,即下面的定理成立.

定理 8.9 (Erdős, Simonovits, Stone, 1946) 对任意的 ε 和 H,存在 $n_0=n_0(\varepsilon,H)$,使得当 $n\geqslant n_0$ 时下式成立:

$$ex(n,H)=\left(1-\frac{1}{\chi(H)-1}\pm\varepsilon\right)\frac{n^2}{2}.$$

注 极值问题是非常重要而且困难的一个研究方向,关于这个方向的问题和目前已知的进展如下:

(1) 如果 H 是一个森林,则 $ex(n,H)\leqslant cn$;

(2) Erdős-Sós(埃尔德什–绍什)猜想(1963):对任意有 $k\geqslant 2$ 条边的树 T,有 $ex(n,T)\leqslant(k-1)n/2$;

(3) $ex(n,C_{2k+1})=\lfloor n^2/4\rfloor$, $ex(n,C_{2k})$, $k=2,3,5$;

(4) $c_1n^{2-\frac{2}{r+1}}\leqslant ex(n,K_{r,r})\leqslant c_2n^{2-\frac{1}{r}}$,其中 c_1,c_2 是 r 的函数;

(5) $c_1n^{2-\frac{s+t-2}{st-1}}\leqslant ex(n,K_{s,t})\leqslant c_2n^{2-\frac{1}{s}}\ (s\leqslant t)$.

4. 极值图论的应用

在编码理论中,图可以用来构造纠错码,而在密码学中,图可以用来构造一些具有特殊安全性质的密码系统. 正是由于图在这两个领域中的广泛应用,使得极值图论成为研究它们的一种高效的分析工具. 如奇偶校验码中基本陷阱集问题可以看作是一种特殊的 Turán 问题,即在一个二部图中,最大独立集的大小不能超过一个固定值[66];在线性分组码中,编码矩阵可以看作是一个图矩阵,极值图论中的一些性质和算法可以应用于线性分组码的设计和分析中[55];在密钥交换协议中,图可以用来表示网络拓扑结构,并且可以通过一些极值问题的求解来评估网络的安全性[57].

知识拓展

1. 前面介绍的 Ramsey 数 $r(p,q)$,是用红、蓝两种颜色对完全图 K_n 的边进行染色，不论怎么染，都能要么出现染红色的完全子图 K_p，要么出现染蓝色的完全子图 K_q. 所求的最小的 n，我们将其称为经典的 Ramsey 数.

2. 我们进一步考虑这样的问题：对于每两个图 F 和 H，总会有正整数 n，使得对于 K_n 的每一个红－蓝染色，要么产生一个红 F，要么产生一个蓝 H. 满足条件的最小的正整数 n 称为 F 和 H 的 Ramsey 数，记为 $r(F,H)$. 特别地，对于 F 为一棵阶为 t 的树 T 和 $H=K_n$，我们有 $r(T,K_n)=(s-1)(n-1)+1$.

3. 更进一步地，我们还可以对完全图的边进行多于两种颜色的染色. 例如 $r(K_3,K_3,K_3)$ 是满足下列条件的最小的正整数 n，如果对 K_n 的每条边用红、蓝、绿中的一种染色，那么一定会产生同色 K_3.

4. 对于 $r(p,p)$ 的下界 $2^{\frac{p}{2}}$，我们将在下一章介绍 Erdős 用概率方法给出一个简单证明.

习题 8

1. 求图 8.11 中图 G 的最大独立集、独立数和最小覆盖.

2. 求图 8.11 中图 G 的最小支配集和支配数

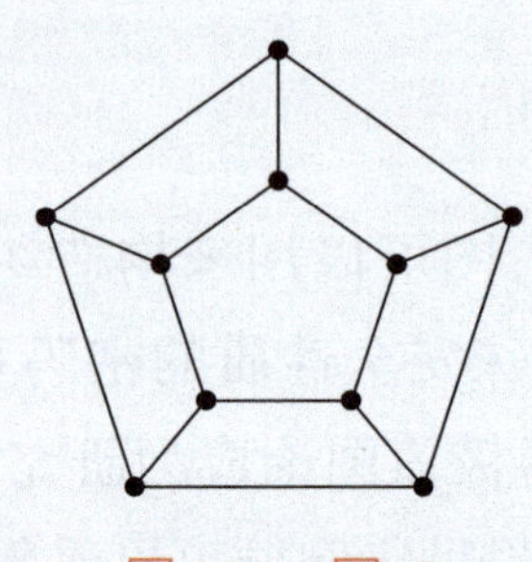

图 8.11　图 G

3. 确定 Petersen 图的支配数.

4. 描述支配数为 1 的图的特征.

5. 假设一群人参加聚会，每两个人要么是陌生人，要么是熟人. 如果使聚会中的某些人至少有三位熟人，或者至少有三位陌生人，那么这场聚会必须有多少人参加呢？

6. 设 S 是图 G 的一个支配集，证明 $V(G)-S\subseteq\bigcup_{v\in S}N(v)$.

7. 设 G 是阶为 n 的正则图，证明 $\alpha(G)\leqslant n/2$.

8. 设 G 是阶为 n、边数为 m 的非平凡简单图，且设其最大度为 Δ. 证明 $\alpha(G)\leqslant n-m/\Delta$.

9. 证明对于正整数 $s\geqslant 2, t\geqslant 2$，设 $r(K_s,K_t)=p$．证明如果 K_{p-1} 的每条边被染成红色或蓝色，那么或者存在一个红色的 K_{s-1}，或者存在一个蓝色的 K_{t-1}.

10. 设 P_k 表示有 k 个顶点的路，证明 $r(P_3,K_3)=5$.

11. 证明 $K_{1,3}$ 在不包含 P_4 的条件下是极值的.

12. 给定自然数 k，确定点色数最多为 k 的极图.

第9章 随机图与概率方法

本章内容

§9.1 随机图简介

迄今为止,我们研究的图是由顶点集和边集构成的二元组,这里两个顶点之间要么有边连接,要么没有边连接. 即“两个顶点之间是否存在边”是确定的. 现在我们看另一个问题,假设将一些纽扣散落在地上,并且不断随机地将两个纽扣之间系上一条线,这样如果把纽扣看作顶点,将两个纽扣之间的线看作边,就得到一个图,但这个图有一个特点:边是随机的,我们把这样的图称作随机图. 随机图的“随机”二字体现在边的分布上. 粗略地说,一个随机图实际上是将给定的顶点随机地连上边. 在数学中,随机图是指由随机过程产生的图. 随机图的理论处于图论和概率论的交叉地带,主要研究各种经典随机图的性质. 近年来,随着复杂网络研究热潮的兴起,随机图成为一种重要的复杂网络模型,也常称作随机网络. 人们对复杂网络的鲁棒性、传播动力学等的研究,常会用到随机图,即需要生成随机图模型.

Erdős 与随机图论的故事

第一批关于随机图的结果是 Erdős 和 Rényi(雷尼)在 1959 年至 1966 年的一系列论文中得出的. 1959 年 Erdős 在他的开创性文章里,引入了随机图(random graph)和概率方法(probabilistic method),这种方法在图论以及离散数学的其他分支中已经发展成一个成熟且具有多种用途的证明技巧,如数论、代数、分析、几何,以及计算机科学(例如随机四舍五入)等. 由此开创了一个全新的数学新分支——随机图论.

在一个随机图中,边的产生可以依赖于不同的随机方式,这样就产生了不同的随机图模型. Erdős 和 Rényi 共同研究的模型,称为 ER 模型. ER 模型是指在给定 n 个顶点后,规定每两个顶点之间都以 p $(0\leqslant p\leqslant 1)$ 的概率连边,而且这些边的出现互相独立(图 9.1).

Erdős 与随机图论的故事

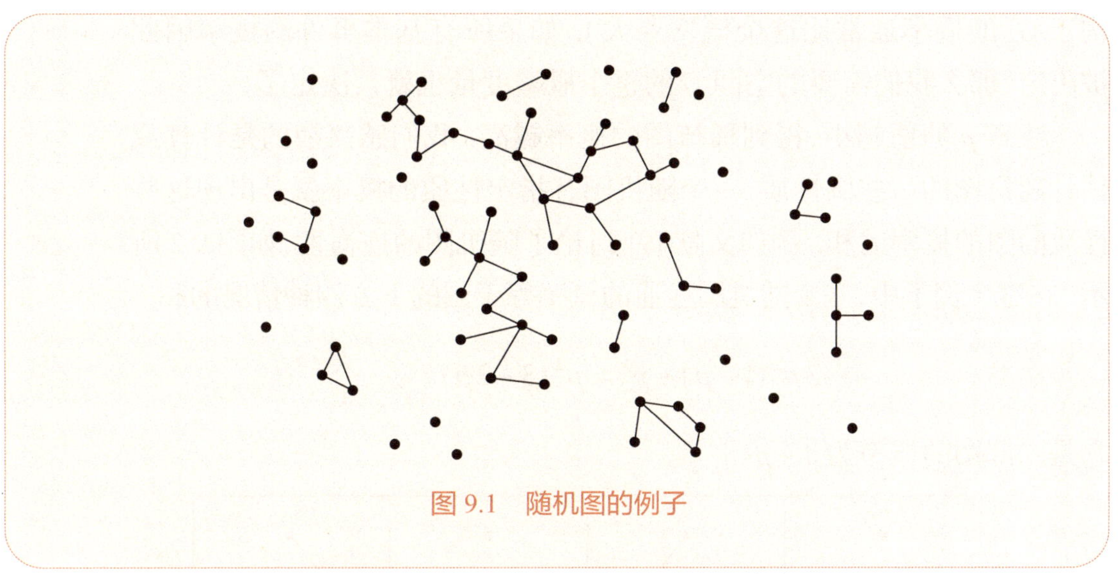

图 9.1 随机图的例子

§9.2 随机图的概念与性质

1. 基本概念

设 V 是 n 个元素的固定集合，比如 $V=\{0,1,\cdots,n-1\}$. 对每条可能的边 $e\in[V]^2$ 定义它自己的一个小概率空间 $\Omega_e:=\{0_e,1_e\}$，这里 $P_e(\{1_e\}):=p,P_e(\{0_e\}):=q$ 是它的两个基本事件的概率.

V 上所有图的集合构成一个概率空间 $\mathcal{G}=\mathcal{G}(n,p)$，$\mathcal{G}$ 可以定义为乘积空间

$$\Omega:=\prod_{e\in[V]^2}\Omega_e.$$

因此，严格地说，Ω 的每个元素是一个映射 ω，它对每条边 $e\in[V]^2$ 赋值 0_e 或者 1_e，故 Ω 上的概率度量 P 是所有度量 P_e 的乘积度量. 在实际操作中，我们把 ω 与 V 上的图 G 等同看待，G 的边集是 $E(G)=\{e|\omega(e)=1_e\}$，并称 G 为 V 上具有概率 p 的**随机图**.

直观地看，我们可以随机地生成 G 如下：对于每个 $e\in[V]^2$，e 是 G 的一条边的概率是 p，不是 G 的一条边的概率是 q，其中 $p+q=1$. 那么如果 G_0 是 V 上有 m 条边的固定图，基本事件 $\{G_0\}$ 有概率 $p^m q^{\binom{n}{2}-m}$，这个概率就是随机生成的图恰好是这个特定的图 G_0 的可能性（注意 G 同

构于 G_0 的概率通常比这个概率要大). 如果所有基本事件的概率因此被决定,那么我们需要的空间 $\mathcal{G}$ 的整个概率度量也就被决定了.

注意 p 的值越小,得到稀疏图的概率越高. 我们感兴趣的是计算或估计随机图的一些图性质,一个随机图有指定性质的概率就是出现这些性质的图的概率的和. 例如文献 [9] 讨论了随机图的连通性,如图 9.2 所示. 在这个例子中,一个随机图连通的概率等于图的下方四种情况的和

$$3p^2(1-p)+p^3=p^2(3-2p).$$

它是二部图的概率为 $1-p^3$.

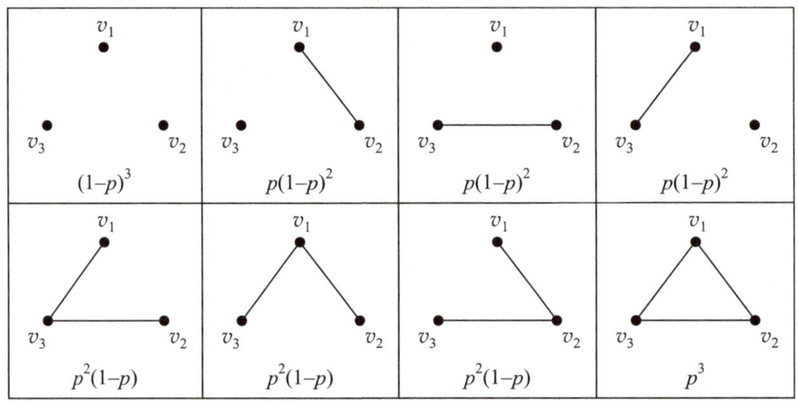

图 9.2 $\mathcal{G}(3,p)$

遵循标准的概率术语,我们现在可以称 V 上若干图的集合为 $\mathcal{G}=\mathcal{G}(n,p)$ 中的一个**事件** (event). 特别地,对每条边 $e\in[V]^2$,V 上包含 $e\in E(G)$ 的所有图 G 的集合

$$A_e:=\{\omega|\omega(e)=1_e\}$$

构成一个事件,即 e 是 G 的一条边这一事件. 我们不难得到下面的结论.

定理 9.1 事件 A_e 是独立的,且发生的概率是 p.

2. Ramsey 数的下界

作为一个简单的计算例子,设 G 是 V 上的一个图,而 H 是 V 的子集上的一个固定图,令 $|V(H)|=k,|E(H)|=l$. 那么自然出现了两个问题:

(1) 你可以计算出 $H\subseteq G$ 的概率吗?

(2) H 是 G 的导出子图的概率又是多少呢?

对于 (1),事件 $H \subseteq G$ 的概率是所有边 $e \in H$ 的概率 A_e 的乘积,所以 $P[H \subseteq G] = p^l$. 对于 (2),H 是 G 的导出子图的概率是 $p^l q^{\binom{k}{2}-l}$:这里我们要求不包含在 H 中的边也不包含在 G 中,并且不出现的边也是独立的且具有概率 q.

计算 G 有一个导出子图同构于 H 的概率通常会比较困难,感兴趣的读者可参阅文献 [19].

在第 8 章我们定义了团和独立集,即两两相邻的 k 个顶点称为 k 个顶点的团,$\omega(G)$ 为图 G 中最大团的点数;两两互不相邻的 k 个顶点称为 k 个顶点的独立集,$\alpha(G)$ 为图 G 中最大独立集的点数. 显然 V 中一个固定的 k– 集合 U 在 G 中是独立集的概率是 $q^{\binom{k}{2}}$,并且只有 $\binom{n}{k}$ 个这样的集合,因此我们得到下面的结论.

定理 9.2 对于所有满足 $n \geqslant k \geqslant 2$ 的整数 n 和 k,$G \in \mathcal{G}(n,p)$ 包含一个 k 个顶点的独立集的概率至多是

$$P(\alpha(G) \geqslant k) \leqslant \binom{n}{k} q^{\binom{k}{2}}.$$

类似地,$G \in \mathcal{G}(n,p)$ 包含一个 K_k 的概率至多为 $P(\omega(G) \geqslant k) \leqslant \binom{n}{k} p^{\binom{k}{2}}$.

如果 k 是固定的,且 n 足够小使得概率 $P(\alpha(G) \geqslant k)$ 和 $P(\omega(G) \geqslant k)$ 的上界和小于 1,那么 $\mathcal{G}$ 包含一个图,它不满足这两个性质中的任何一个:既不包含 K_k 也不包含 $\overline{K_k}$ 作为导出子图,从而任何这样的 n 是关于 k 的 Ramsey 数的一个下界.

定理 9.3 (Erdős,1947) 对每个整数 $k \geqslant 3$,Ramsey 数 $r(k,k)$ 满足

$$r(k,k) > 2^{\frac{k}{2}}.$$

证明 对 $k=3$,显然有 $r(3,3) \geqslant 3 > 2^{\frac{3}{2}}$. 因此假设 $k \geqslant 4$. 我们证明对所有的 $n \leqslant 2^{\frac{k}{2}}$ 和 $G \in \mathcal{G}(n,1/2)$,概率 $P(\alpha(G) \geqslant k)$ 和 $P(\omega(G) \geqslant k)$ 都小于 1/2.

由于 $p = q = 1/2$,故对于所有的 $n \leqslant 2^{\frac{k}{2}}$,由定理 9.2 和对 $\omega(G)$ 的

上界可以得到下列关系：

$$\begin{aligned} P(\alpha(G)\geqslant k),P(\omega(G)\geqslant k) &\leqslant \binom{n}{k}\left(\frac{1}{2}\right)^{\binom{k}{2}} \\ &< (n^k/2^k)2^{-\frac{k(k-1)}{2}} \\ &\leqslant \left(2^{\frac{k^2}{2}}/2^k\right)2^{-\frac{k(k-1)}{2}} \\ &= 2^{-k/2} < \frac{1}{2}. \end{aligned}$$

■

§9.3 概率方法与应用

1. 期望值与 Markov 不等式

在随机图的背景下，每个常见的图不变量（例如平均度、连通度、围长、色数等）都能解释为关于 $\mathcal{G}(n,p)$ 的一个非负**随机变量**（random variable），即一个函数 $X:\mathcal{G}(n,p)\to[0,+\infty)$. X 的**均值**或者**期望值**定义为

$$E(X)=\sum_{G\in\mathcal{G}(n,p)}P(\{G\})X(G).$$

如果 X 取整数值，我们有另外一种方法计算 $E(X)$，即把对应于 k 的概率加起来：

$$E(X)=\sum_{k\geqslant 1}P(X\geqslant k)=\sum_{k\geqslant 1}kP(X=k).$$

注意到，期望值的算子 E 是线性的，即对于 $\mathcal{G}(n,p)$ 上的任何两个随机变量 X,Y 和 $\lambda\geqslant 0$，有 $E(X+Y)=E(X)+E(Y)$ 和 $E(\lambda X)=\lambda E(X)$.

定理 9.4（Markov 不等式） 设 $X\geqslant 0$ 是关于 $\mathcal{G}(n,p)$ 的一个随机变量且 $a>0$，那么

$$P(X\geqslant a)\leqslant\frac{E(X)}{a}.$$

证明

$$E(X)=\sum_{G\in\mathcal{G}(n,p)}P(\{G\})X(G)$$
$$\geqslant\sum_{G\in\mathcal{G}(n,p),X(G)\geqslant a}P(\{G\})\cdot a$$
$$=aP(X\geqslant a).$$
■

定理 9.4 告诉我们,对于某个固定的 $a>0$,$X(G)\geqslant a$ 的概率被其期望值和 a 所界定. 那么判断满足 $X(G)<a$ (从而 G 满足某个指定性质 P) 的图 G 的存在性,可以通过计算 $E(X)$ 得到,这是一个简单又有效的方法. 事实上,如果 $E(X)$ 较小,那么对于 $\mathcal{G}(n,p)$ 中的许多图,其 $X(G)$ 就一定较小 (因为对所有 $G\in\mathcal{G}(n,p)$ 有 $X(G)\geqslant 0$). 于是我们有信心在这些图中找到一个具有给定性质 P 的图. 这个简单想法正是无数的随机图非构造性证明的核心.

下面我们计算一个随机图 $G\in\mathcal{G}(n,p)$ 中包含给定长度 $k\geqslant 3$ 的圈的期望值. 假设 $X:\mathcal{G}(n,p)\to N$ 是一个随机变量,该变量把 G 的 k–圈的个数 (即同构于 C_k 的子图个数) 赋值到一个随机图 G 上.

存在多少个潜在的这种圈呢? 换句话说,顶点在 V 中的所有 k–圈的集合 $\mathcal{C}_k$ 有多大呢? 因为对 V 的 k 个不同顶点的序列,存在 $\binom{n}{k}$ 种选取方法,而每个 k–圈可以被 $2k$ 个这样的序列确定,所以显然有 $|\mathcal{C}_k|=\binom{n}{k}\Big/(2k)$. 对每个固定的 $C\in\mathcal{C}_k$,因为 e 是 G 的一条边的概率是 p,那么 $P(C\subseteq G)=p^k$. 故我们得到下面的定理.

定理 9.5 在 $G\in\mathcal{G}(n,p)$ 中,k–圈的期望值为 $E(X)=\dfrac{\binom{n}{k}}{2k}p^k$.

2. 概率方法的应用

粗略地说,离散数学中的概率方法是从下面的想法发展起来的:为了证明具有某个给定性质的研究对象的存在性,我们在比较大的 (当然是非空的) 对象的集合上定义一个概率空间,然后证明这个空间中的一个元素具有正的概率且具有给定的性质.

为了展示概率方法的应用,下面我们讨论这一方向的一个最早期结果:Erdős 关于大围长与大色数的经典定理.

定理 9.6 (Erdős,1959) 对于每个整数 k,存在一个图 G 具有围

长 $g(G)>k$,并且 $\chi(G)>k$.

这个定理证明的思路如下:我们称长度至多为 k 的圈为**短圈**,而包含 $|G|/k$ 或者更多顶点的集合为**大集合**. 只要找到一个图 G 没有短圈和大的独立集,那么 G 中的任何顶点着色类是**小的**(即不是大集合),因此给 G 着色需要多于 k 种颜色. 怎样才能找到这样一个图 G 呢? 如果我们选择 p 足够小,那么 $\mathcal{G}(n,p)$ 中的随机图不太可能包含任何(短的)圈. 如果我们选择 p 足够大,那么 G 不太可能有一个大的独立集. 因此问题是:这两个 p 的区间是否重叠,也就是说,我们是否可以选择 p 使得对某个 n,它足够小使得 $P(g(G)\leqslant k)<1/2$ 成立,同时它又足够大使得 $P(\alpha(G)\geqslant n/k)<1/2$ 成立呢? 如果这样的 p 存在,那么 $\mathcal{G}(n,p)$ 将包含至少一个图,它既没有短圈也没有大的独立集.

为了使大的独立集不太可能出现,我们将把 p 固定在 n^{-1} 之上,例如对某个 $\varepsilon>0$,取为 $n^{\varepsilon-1}$. 幸运的是,如果 ε 足够小,那么在 G 中将产生很少几个短圈. 如果我们在每个这样的圈上删除一个顶点,得到的图 H 将没有短圈,且它的独立数 $\alpha(H)$ 将至多等于 G 的独立数. 由于 H 并不比 G 小很多,因此它的色数将仍然很大,所以我们找到一个具有大围长和大色数的图.

§9.4　几乎所有图的性质

一个**图性质**(graph property)是指在同构意义下封闭的一个图类,它包含每个图 G 以及所有和 G 同构的图.

如果 $p=p(n)$ 是一个固定的函数(可以是常数),而 $\mathcal{P}$ 是一个图性质,我们可以问:对于 $G\in\mathcal{G}(n,p)$,当 $n\to\infty$ 时,概率 $P(G\in\mathcal{P})$ 会怎样表现呢?

如果这个概率趋于 1,我们就说**几乎所有**(或者**几乎每个**) $G\in\mathcal{G}(n,p)$ 都具有性质 $\mathcal{P}$,或者说**几乎肯定地** $G\in\mathcal{P}$;如果它趋于 0,我们说**几乎没有** $G\in\mathcal{G}(n,p)$ 具有性质 $\mathcal{P}$. 例如,在下面的定理中,我们证明了对于一个确定的 p,几乎没有 $G\in\mathcal{G}(n,p)$ 包含一个多于 $n/(2k)$ 个独立顶点的集合.

定理 9.7　设 $k>0$ 是一个整数,而 $p=p(n)$ 是 n 的一个函数使得

对于大的 n，有 $p \geqslant 16k^2n^{-1}$，那么 $\lim\limits_{n\to\infty} P\left(\alpha \geqslant \dfrac{n}{2k}\right)=0$.

知识拓展

1. 概率方法最早起源于20世纪40年代，Erdős关于Ramsey数的下界是最早的结果，这个结论曾在§8.2给出.

2. 对于大部分性质，存在一个 p 值的临界点，使得对小于临界点的任何常数 p，图性质会“刚好”出现或不出现：这是关于 n 的一个函数，当 $n\to\infty$ 时，它趋于零. 粗略地说，我们称一个正实函数 $t=t(n)$ 是关于图性质 $\mathcal{P}$ 的阈函数（threshold function）：当概率 $p=p(n)$ 相对于 $t=t(n)$ 较小时几乎没有 $G\in\mathcal{G}(n,p)$ 具有图性质 $\mathcal{P}$，而当 p 相对于 t 较大时几乎每个图 G 具有图性质 $\mathcal{P}$. 例如，$t(n)=n^{-1}$ 是包含 k–圈这一性质的阈函数（$k\geqslant 3$）；而如果 T 是一个阶为 $k\geqslant 2$ 的树，那么 $t(n)=n^{-\frac{k}{k-1}}$ 是包含 T 的拷贝这一性质的阈函数. 学者也给出了各种各样图性质的阈函数，例如最近史永堂等研究了随机图的 (k,l)–连通性和 (k,l)–边连通性问题，给出了相应的阈函数，感兴趣的读者可以参阅文献[30].

对于阈函数的系统研究，使得我们对图 $G\in\mathcal{G}(n,p)$ 的典型性质随着 $p=p(n)$ 增长率的增加而表现出的整体面貌有所了解，这个过程，称作随机图的进化，十分令人着迷：如同生物的进化一样，变化以“跳跃式”进行，突变发生在 p 的增长率超过阈函数的瞬间.

3. 用概率方法证明某些图性质 $\mathcal{P}$ 的存在性是一种特殊而有效的技巧，只需要构造恰当的概率空间，然后说明满足图性质 $\mathcal{P}$ 的图在这个概率空间以正概率出现，即可证明它的存在性. 概率方法的优点在于它是一种非构造性的证明方法，同时它也可以帮我们方便地刻画出对象的不同不变量之间的关系. 例如Alon（阿隆）用概率方法证明了下列这个问题的 $f(k)\leqslant 64k$：对于一个有向图 D，其最小出度 $\delta^+(D)$ 的下界 $f(k)$ 为多大时，D 包含 k 个点不交的圈？再如Lovász局部引理也是强有力的工具，它可以用来证明，当一系列“坏事件”满足一定的概率约束和“弱相关”约束时，可以同时避开所有的坏事件. 如在文献[58,72]中，我们用Lovász局部引理证明了图的划分问题. 在最近十年，局部引理因为算法化方面的工作以及向量子领域的扩展，又重新得到了理论计算机界的大量关注.

习题 9

1. 对于固定的 $m, 0\leqslant m\leqslant\binom{n}{2}$，$G\in\mathcal{G}(n,p)$ 具有恰好 m 条边的概率是多少？

2. $G\in\mathcal{G}(n,p)$ 的边数的期望值是多少？

3. $G\in\mathcal{G}(n,p)$ 中 K_r 子图的个数的期望值是多少？

4. 证明对于 $\mathcal{G}(n,p)$ 上的任何两个随机变量 X, Y 和 $\lambda\geqslant 0$，有 $E(X+Y)=E(X)+E(Y)$，$E(\lambda X)=\lambda E(X)$.

5. 对于图 9.2 中的 $G\in\mathcal{G}(3,p)$，设事件 A 表示"G 连通"，事件 B 表示"G 是二部图"，证明 G 是连通的二部图的概率为 $3p^2(1-p)$.

6. 设 X 表示图 9.2 中的图 $G\in\mathcal{G}(3,p)$ 的连通分支数，求 $E(X)$.

7. 证明定理 9.1：事件 A_e 是独立的，且发生的概率是 p.

8. (Chebyshev（切比雪夫）不等式）设 X 是一个随机变量，t 是一个正实数，证明

$$P(|X-E(X)|\geqslant t)\leqslant\frac{E(X^2)-E^2(X)}{t^2}.$$

第10章 网络科学与图神经网络简介

本章内容

§10.1 网络科学简介

基本网络模型;网络拓扑的基本性质:网络密度,平均距离,聚类系数,中心性

§10.2 图神经网络简介

神经网络与图神经网络;图神经网络的发展:谱域图神经网络,空域图神经网络;图神经网络的应用:节点任务,边任务,图任务

知识拓展

习题10

本章将介绍网络科学的基本概念和研究对象,以及图神经网络的基本内容. 在网络科学中,最简单的网络,其实就是前面所说的图. 但是,在网络科学中我们往往用术语“节点 (node)”来代替图论的术语“顶点 (vertex)”.

§10.1 网络科学简介

随着万物互联时代的到来,人类的生产、生活与网络息息相关,比如刻画人际关系的社交网络,描绘路网的交通网络,研究中枢神经系统的神经网络等. 早在 2003 年,戴汝为等人 [17] 在钱学森的研究基础上,首次以因特网为典型介绍复杂网络的自组织、演化、涌现、随机性、小世界、无标度等性质. 近些年,以复杂网络作为研究对象的网络科学也促进了不同领域的发展,如生命科学、物理学、工程学、社会科学、计算机科学等 [53].

通常来说,网络由节点和边构成,其中边描述节点对之间的交互关系. 复杂系统领域研究的网络类型有:无向网络、有向网络、加权网络、符号网络、时序网络和高阶网络等.

图 10.1 (a) 用加权网络刻画北京到其他几个城市的距离; (b) 用有向网络表示网页检索中网页的指向; (c) 用符号网络表示 A,B,C,D 公司之间的合作 (+) 与竞争 (−) 关系.

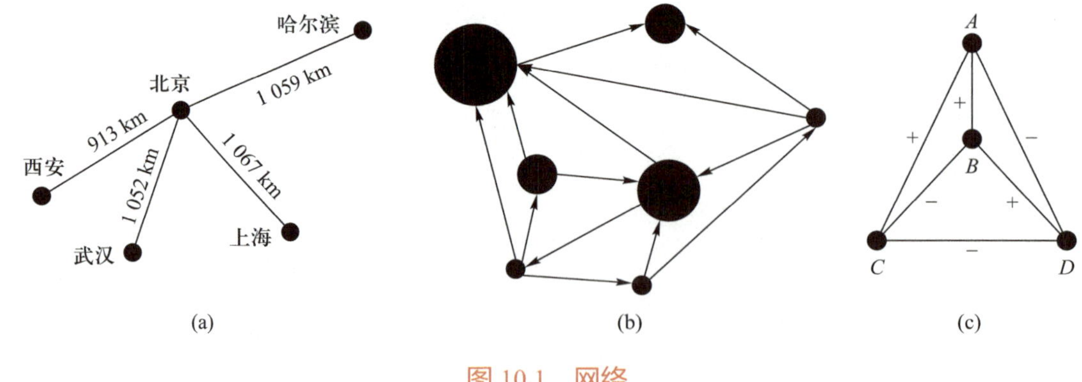

图 10.1 网络

下面以简单无向网络为例,介绍网络科学中的一些基本模型、常用指标等.

1. 基本网络模型

网络科学旨在建立一个反映真实拓扑连接的网络模型. 然而自然界中不同网络之间的连边规则迥然不同. 从表面上看,要想找到描述所有系统的模型似乎是不可能的. Erdős 和 Rényi 于 1960 年通过随机性来描述并构建网络连边规则的模型,称为 **ER 随机网络模型** [22],对于具有固定连边概率的 ER 随机网络 $G(n,p)$,其构造方式如下:

(1) **初始化** 给定 n 个节点以及连边概率 p;

(2) **随机连边** 依次遍历 n 个节点的所有不同的节点对,按照连边概率 p 在节点对之间创建连边.

例 10.1 设 $n=4, p=0.8$,根据上述构造方式,生成一个如图 10.2 所示的 ER 随机网络.

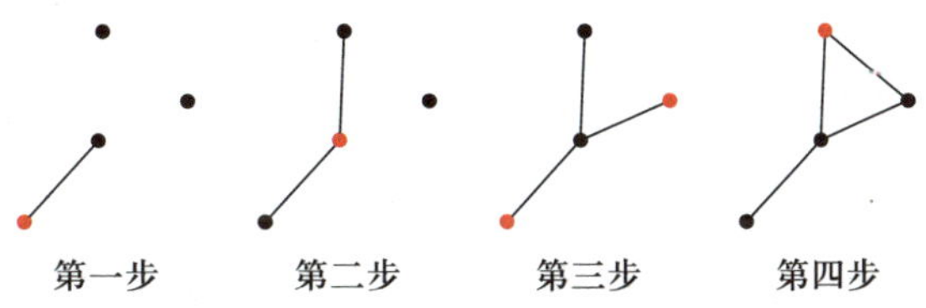

图 10.2 一个可能的 ER 随机网络生成过程

小世界网络与 Erdős 数

自随机图理论提出后,ER 随机网络模型一直是研究复杂网络的基本模型,但随后的研究发现,有些网络除了随机性之外还存在着小世界现象. 1967 年,美国心理学家 Milgram 从一个情报工作者那里得知:从社会中随机选择的两个个体,需要至少 100 个中间人将他们联系起来. 为了验证这一说法,他设计了"小世界"实验. 实验要求实验者通过自己的熟人关系网络将信件传递给目标人物. 实验统计发现:成功到达目标人物的信件平均经过 5.5 个中间人,这被称为"六度分隔"现象. 这一现象表明,尽管社会庞大,但通过少数几次社交链接,任意两人之间都能相互联系.

小世界网络与 Erdős 数

1972 年,美国数学家 Granovetter (格兰诺维特) 发现网络存在群集问题,他认为社会组织成一个个联系紧密的朋友圈,在这个圈子里的人相互都认识. 这个圈子只通过少数的链接与外部世界连为一体. 20 世纪 90 年代，英国数学家 Watts (瓦茨) 和美国应用数学家 Strogatz (斯特罗格茨) 引入群集系数，用来刻画个体朋友圈的紧密程度. 假设你有四个朋友，如果他们之间相互都是朋友，那么你们之间的理想边数为 10. 实际上，如果有一些朋友之间并非是朋友，实际边数可能为 6. 此时，你的朋友圈的群集系数为实际边数 6 除以理想边总数 10，即 0.6. 除了用群集系数来刻画网络的群集现象之外，在数学家群体中，由于 Erdős 作为一个高产的数学家，能成为他的合作者是一个巨大的荣耀，因此也常常使用 Erdős 数 (Erdős number)，来刻画其他学者与 Erdős 的紧密程度. 如果一位学者与 Erdős 合作发表了论文，那么其 Erdős 数为 1，与 Erdős 的某个合作者合作发表论文的学者的 Erdős 数为 2，依此类推. Erdős 数的存在本身就表明，科学界形成一个高度相关联的网络. 此外，人们逐渐发现，互联网、生态网络、分子网络都存在群集现象.

为了回答为何群集现象普遍存在于真实网络系统中，Watts 和 Strogatz 首次将群集现象和随机网络的偶然性统一起来. 他们观察到，在人们建立社交关系时，即使社交圈的范围可能相对有限，只要其中有一小部分人社交广泛，涉及较远的连接，无需严格遵循随机连边规则，整个社交网络就能呈现出小世界的特征. 他们由此提出具有高度群集特性与随机性的模型，通常称为 **WS 小世界模型** [65]，构造方法如下：

(1) 构造有 n 个节点的环形规则网络 (其中每个节点和它的左右 k 个节点相连，其中 k 是偶数)；

(2) 依次遍历已构造的环形规则网络的每一条边，以概率 p 随机重连每一条边，即选中一条边及其一个端点，以概率 p 断边并随机选择网络中的节点重新建立连边，为避免出现自环与重边，通常要求这个节点不能是自身或当前邻点.

例 10.2　设 $n=10, k=4, p=0.1$，根据上述构造方式，生成一个如图 10.3 所示的 WS 小世界网络.

图 10.3　一个可能的 WS 小世界网络生成过程

WS 小世界网络模型能够反映现实网络的小世界特征. 然而,现实世界中的网络还具有这样的特征:极少中心节点拥有大量的连边,而众多的节点仅具有少量的连边.

1999 年罗马尼亚物理学家 Barabási (巴拉巴西) 和匈牙利物理学家 Albert (阿尔伯特) 提出 **BA 无标度网络** [3]. 该模型提出了两个重要的网络演化机理:增长和优先连接,其具体构造方法如下:

(1) **增长** 即网络的规模是不断扩大的,从一个具有 k_0 个节点的连通网络开始,每次往网络中添加一个节点,并与网络中已存在的 k 个节点建立连边 ($k \leqslant k_0$);

(2) **优先连接** 新添加的节点优先选择已存在的度大的节点进行连接,即新添加的节点与已存在的节点 i 建立连边的概率为 $\Pi_i = d_i / \sum_j d_j$ (其中 d_i 为节点 i 的度).

例 10.3 设 $n=6, k_0=4$,根据上述构造方式,生成一个如图 10.4 所示的 BA 无标度网络.

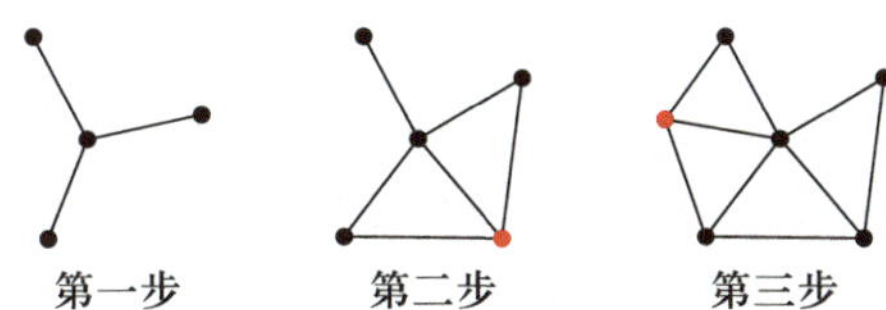

图 10.4 一个可能的 BA 无标度网络生成过程

综上,ER 随机网络模型刻画了网络的随机特性,但是不符合真实网络的短平均路径和群集特性. WS 小世界网络弥补了这些不足,更能够准确刻画真实网络但仍无法解释中心节点现象. BA 无标度网络刻画出中心节点演化的过程 [4].

2. 网络拓扑的基本性质

复杂网络在拓扑结构上呈现出个体以及个体间的关系,而网络局部或者整体涌现的群体特征和网络的拓扑结构密切相关. 我们可以引入一些指标来刻画网络表现出的特性,并且利用特性区分网络中的不同个体,这对深入认识网络具有重要意义.

对于给定的网络 $G=(V,E)$,其中 $n=|V|$ 为网络中节点的数量, $m=|E|$ 为网络中边的数量,我们定义网络的以下常用指标.

(1) **网络密度**

通过获取网络结构中每个节点的平均邻点数来刻画网络总体的凝聚力，称为**网络密度**（Internet density），记为 d，即 $d(G)=2m/n$.

显然，对于一个社交网络而言，其密度越大，则该网络中的个体就更具有凝聚力.

(2) **平均距离**

以社交网络为例，这一特性通过计算社交网络中个体之间最少能够通过多少次熟人介绍而相识的平均值进行度量，称为**平均最短路长度**，也称**平均距离**（average path length），记为 l，即

$$l=\frac{\sum\limits_{i\neq j}d_{ij}}{n(n-1)},$$

其中 d_{ij} 为节点 i 和 j 之间的距离，即连接两个节点之间的最短路的边数.

(3) **聚类系数**

同样以社交关系网络为例，我们注意到这个现象：一个人的两个好友之间很有可能成为朋友，这种可能性反映了他的朋友圈的紧密程度. 在复杂网络中通常使用**聚类系数**（clustering coefficient）来描述这一特征. 对社交网络中的三个个体之间的好友关系加以描述，网络中个体 i 的**局部聚类系数**，记为 C^i，即

$$C^i=\frac{i\text{ 的两个好友间互相认识的三元朋友圈数量}}{\text{以 }i\text{ 为中间朋友的三元朋友圈数量}}.$$

评价整个群体的好友间的紧密程度则通过对其局部聚类系数取平均可得**网络的聚类系数**，记为 C，即

$$C=\frac{\sum\limits_{i}C^i}{N}.$$

(4) **中心性**

上述指标关注了复杂网络的不同结构性质或者对网络进行了整体评价. 但是在真实世界的网络中，其每个节点在网络中扮演着不同的角色，有着不同的重要程度. 例如在一个电力系统中，若某个发电站突然

出现故障,则会引起一个城区大规模的停电;而一户居民家出现用电跳闸则影响范围较小. 因此可见网络中的节点存在相对重要性,关键节点能够更大程度上影响网络的结构和功能. 因此,挖掘网络中的关键节点对现实生活具有重要指导意义. 通常利用**节点中心性**来描述网络中节点的重要程度.

最直接的节点重要性度量就是节点的**度中心性**(degree centrality),即度越大的节点越重要. 在一个含有 n 个节点的网络中,节点的度最大能够达到 $n-1$,通过归一化处理,则节点 i 的度中心性记为 DC_i:

$$DC_i = \frac{d_i}{n-1}.$$

进一步地,我们还可以定义其他的中心性指标. 通过度量一个节点到其他节点的平均距离进行节点重要性评估的中心性指标为**接近度中心性**(closeness centrality),且平均距离越低的节点得分越高,这个指标可以用于发现使网络高效传播信息的节点. 节点 i 的接近度中心性记为 CC_i:

$$CC_i = \frac{1}{\text{节点 } i \text{ 到网络中所有节点的距离的平均}} = \frac{n}{\sum\limits_{i \neq j} d_{ij}}.$$

此外,在交通网络中,我们会提到交通枢纽的概念,这种节点可以理解为节点对网络上(信息)传输的影响力,主要通过描述网络中经过该节点的最短路的数量进行近似刻画,称为**介数中心性**(betweenness centrality). 节点 i 的介数中心性记为 BC_i:

$$BC_i = \sum_{s \neq t \neq i, s<t} \frac{\text{从节点 } s \text{ 到节点 } t \text{ 经过节点 } i \text{ 的最短路的数量}}{\text{从节点 } s \text{ 到节点 } t \text{ 的最短路的总数量}}.$$

除了用上面介绍的中心性来刻画节点的重要程度之外,我们还可以利用一些子图挖掘算法来寻找网络中的重要节点. 例如利用 k–核(k-core)算法在网络中寻找一个子图,使得这个子图中的每个节点至少与子图中的其他 k 个节点相邻,如图 10.5 所示.

> **思考题 10-1**　如果一个节点的度数很大,那么它的核值是不是也很大?

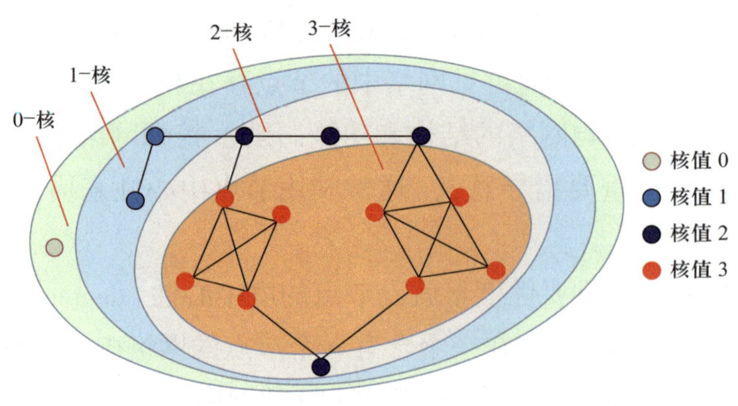

图 10.5 一个简单无向图的 k– 核分解示意图

§10.2 图神经网络简介

1. 神经网络与图神经网络

随着神经科学、认知科学的发展，我们已经知道人类的智能行为都和大脑活动有关. 受到人脑神经系统的启示，早期的神经科学家构造了一种模仿人脑神经系统的数学模型，称为人工神经网络，简称神经网络.

1943 年，美国神经科学家 McCulloch（麦卡洛克）和数学家 Pitts（皮茨）根据生物神经元的结构，提出了一种非常简单的 MP 神经元（multi-polar projection Neuron）模型[50].

一个基本的神经元包括三部分：输入信号、线性变换和非线性激活函数，我们用图 10.6[44] 来表示神经元的计算.

$$z_i = \sum_{j=0}^{m} w_{ij} x_j ,$$
$$a_i = \sigma(z_i + b),$$

其中 $x_0, x_1, \cdots, x_m$ 是输入信号，$w_{i0}, w_{i1}, \cdots, w_{im}$ 是神经元的权重，z_i 是输入信号的线性组合结果，b 是偏置，a_i 是神经元输出信号，σ 为非线性激活函数.

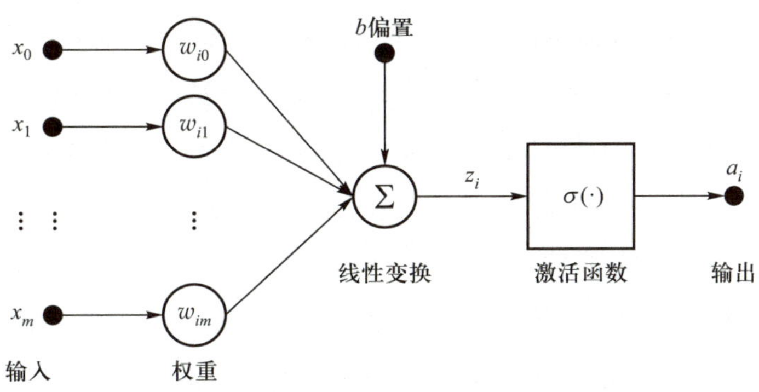

图 10.6　神经元示意图

非线性激活函数在神经网络中扮演着重要角色,一般要求它连续可导,或者在少数点不可导. 它的非线性可以使得神经网络几乎可以任意逼近任何非线性函数,常见的激活函数包括以下几种:

Sigmoid 函数 $\sigma(x)=\dfrac{1}{1+\mathrm{e}^{-x}}$,

Tanh 函数 $\sigma(x)=\dfrac{\mathrm{e}^{x}-\mathrm{e}^{\;x}}{\mathrm{e}^{x}+\mathrm{e}^{-x}}$,

Softmax 函数 $\sigma(x_i)=\dfrac{\mathrm{e}^{x_i}}{\sum\limits_{j=1}^{n}\mathrm{e}^{x_j}}$,

ReLU 函数 $\sigma(x)=\begin{cases}x, x\geqslant 0,\\ 0, x<0,\end{cases}$

LeakyReLU 函数 $\sigma(x)=\begin{cases}x, x>0,\\ \lambda x, x\leqslant 0,\end{cases}$ λ 通常取 0.2.

如图 10.7 所示,通过将神经元进行堆叠我们可以得到单个隐藏层(即对输入进行线性变换和非线性激活)的感知机模型,如果不断堆叠隐藏层就可以得到多层感知机模型,也称为前馈神经网络.

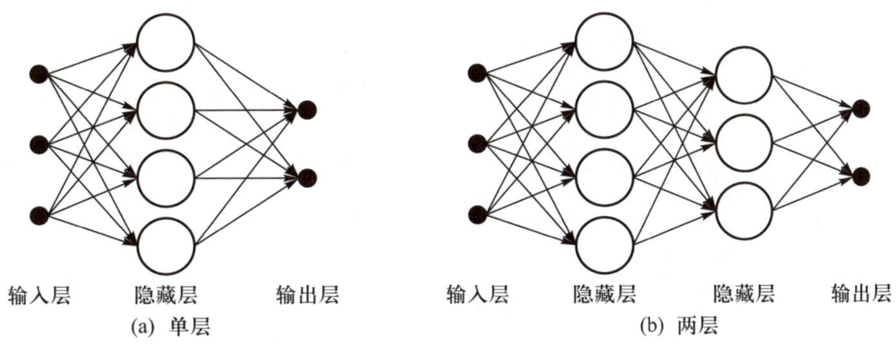

图 10.7　感知机示意图

现在我们考虑数据集有 n 个样本 $(x_1,x_2,\cdots,x_n)$，k 个标签 $(c_1,c_2,\cdots,c_k)$，每个样本 x_i 有真实标签 y_i 以及 c 个特征 (feature) 的情况，例如我们有 10 个西瓜为样本，2 个标签为甜和不甜. 每个西瓜样本的真实标签为甜或不甜，且具有瓜蒂、重量、斑纹 3 个特征. 这些样本 x_i 的特征 (有时特征经过处理成为特征向量) 经过神经网络输出预测标签 $\hat{y}_i$. 最后利用损失函数估量所有 y_i 与 $\hat{y}_i$ 的差异，进而判断模型的好坏. 针对分类任务与回归任务，常见的损失函数有以下几种：

绝对损失函数 $L(y,\hat{y})=\frac{1}{n}\sum_{i=1}^{n}|y_i-\hat{y}_i|$，

平方损失函数 $L(y,\hat{y})=\frac{1}{n}\sum_{i=1}^{n}(y_i-\hat{y}_i)^2$，

交叉熵损失函数 $L(y_i,\hat{y}_i)=-\sum_{j=1}^{k}I(y_i=c_j)\log P(\hat{y}_i=c_j|x_i)$ (其中 $P(\hat{y}_i=c_j|x_i)$ 为条件概率，$I(y_i=c_j)$ 为示性函数)，

$$L(y,\hat{y})=\frac{1}{n}\sum_{i=1}^{n}L(y_i,\hat{y}_i).$$

如图 10.8 所示，神经网络可以认为是一个关于参数 θ 的复杂非线性函数 f_θ 模型，通过在训练集数据上交替进行前向传播与反向传播调整参数 θ，逐步迭代直到损失函数最小，以提升模型性能. 其中前向传播给定输入和参数，逐层向前计算，输出损失函数；反向传播则基于前向传播的结果，通过梯度下降，优化损失函数，更新相关的参数梯度.

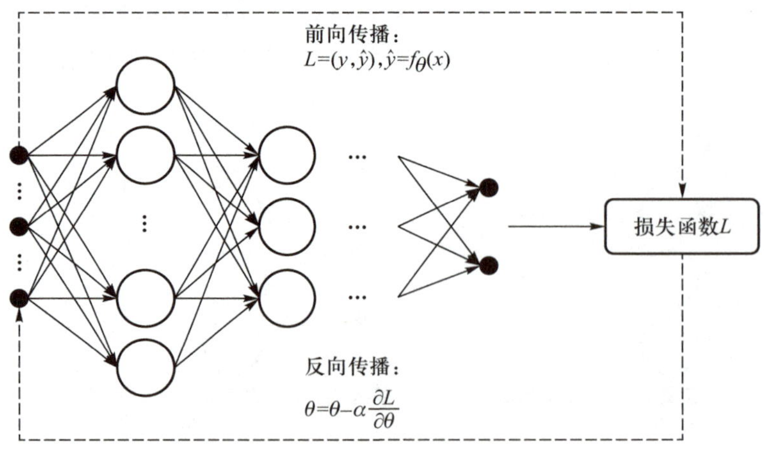

图 10.8 神经网络前向传播与反向传播示意图

图结构的数据作为一种具有强大表达能力的数据类型,在人工智能的研究中占据非常重要的地位,其应用范围十分广泛,小至纳米级别的蛋白质分子,大到数亿个节点的社交网络,都可以很自然地用图结构的数据表示. 近年来,随着大数据的出现和计算资源的飞速增长,各种深度学习的模型,如卷积神经网络(convolutional neural networks,CNN)、循环神经网络(recurrent neural networks,RNN)等深层前馈神经网络,在图像、声音和文本等应用领域取得了众多突破与进展. 但在处理图结构的数据时,深层前馈神经网络面临图数据的不规则性、大规模性、多样性等难点. 因此将深度学习扩展到图结构上的图神经网络(graph neural networks,GNN)模型应运而生[49].

给定图 $G=(V,E)$, $|V|=n$, 特征矩阵 $X\in\mathbf{R}_{n\times c}$, 其第 i 行表示节点 $v_i\in V$ 的 c 维特征向量. 图神经网络旨在通过神经网络的方式将图结构和图上的节点特征(有时也包含边的特征)映射到低维矩阵 $H\in\mathbf{R}_{n\times d}$, 其第 i 行表示节点 $v_i\in V$ 的 d 维嵌入表示(图 10.9),它可用于下游任务,如节点任务、边任务、图任务等.

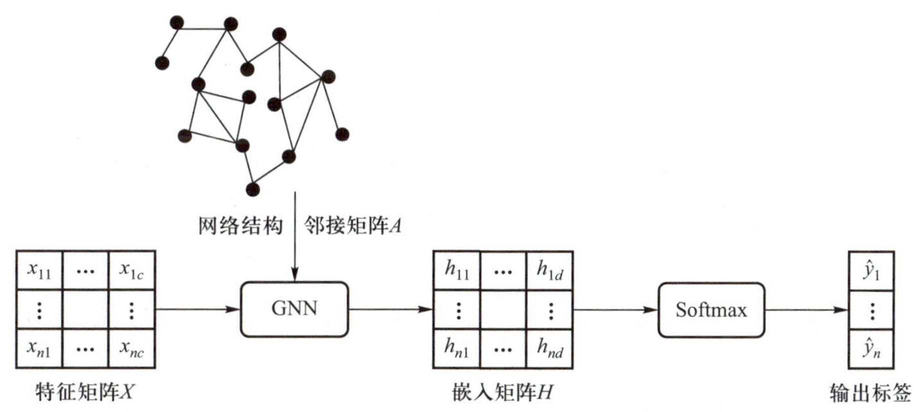

图 10.9 GNN 处理节点任务框架

2. 图神经网络的发展

早期的图神经网络基于不动点理论,采用 RNN 方式,利用节点的邻点和边递归地进行节点的信息传递,进而更新节点的状态,直到节点的状态收敛到不动点,然后利用节点收敛的状态对节点进行下游任务. 但是不动点理论表示学习使得节点的最终状态必须吸收周围邻点信息,并收敛到不动点,这就带来一个关键问题:每个节点最终共享信息,导致节点过于相似而难以区分，出现过平滑现象[48].

例 10.4　如图 10.10 所示，在包含 5 个节点 A,B,C,D,E 的无向图中，经过两次信息传递，每个节点的信息都会收敛到集合 $\{A,B,C,D,E\}$.

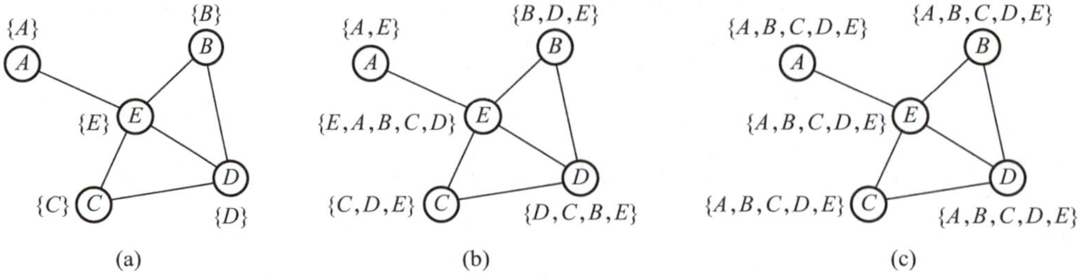

图 10.10　无向图中两次信息传递示意图

(1) **谱域图神经网络**

为了解决图数据的不规则性，即每个节点的邻点数量不同，人们首次将数学运算卷积引入图神经网络，卷积操作是通过卷积核（权重矩阵 W）聚合目标节点本身及其邻点的特征向量，生成新的目标节点的特征向量. 卷积操作能够捕获节点与其周围节点之间的关系，提供更全面的局部结构信息. 初期，研究人员通过将图的 Laplace 矩阵进行谱分解，并利用得到的特征值和特征向量在谱空间定义卷积操作，但是此方法的计算复杂度太高，且每个图卷积参数不能共享，使得模型无法扩展到其他图. 自此以后，不断有人提出改进，其中利用 Chebyshev 展开来近似计算卷积核，使得计算效率得到了极大提升. 随后，德国计算机科学家 Kipf（基普夫）等人[33] 进一步简化卷积核，得到现在熟知的图卷积网络（graph convolutional networks，GCN）. 其卷积示意图如图 10.11 所示.

卷积核通常定义为一个权重矩阵，用于计算一个节点和其邻节点的特征的加权和. GCN 中常用的卷积核有以下几种：

① 单层卷积核　仅使用一个权重矩阵对每个节点和其邻节点的特征进行线性变换.

② 多层卷积核　多层 GCN 可以使用多个卷积层，每个卷积层都有自己的权重矩阵，用于对前一层的输出进行线性变换.

③ 自适应卷积核　根据节点特征和拓扑结构自适应地调整权重矩阵.

④ 非线性卷积核　将线性变换后的特征输入到非线性激活函数

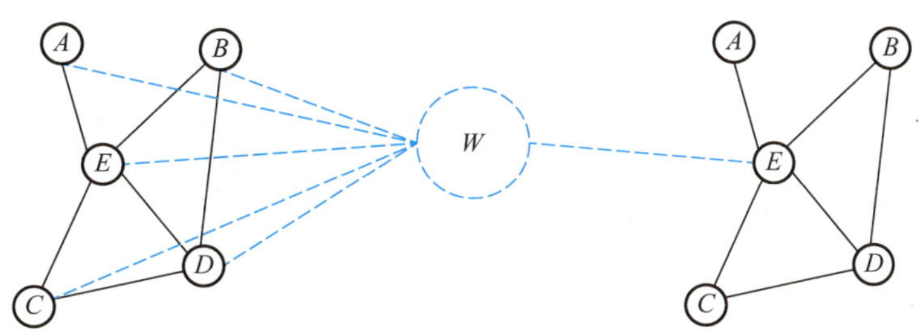

图 10.11 单层卷积中利用卷积核 W 对无向图中节点 E 进行图卷积的示意图

中,例如 ReLU 函数,可以得到非线性卷积核.

(2) **空域图神经网络**

由于 GCN 在每个节点上的操作可以看作邻点之间的信息传递,因此 GCN 可以看作一个空域上的图卷积. 首先,基于 RNN 的门控图神经网络(gated graph neural networks,GGNN)被提出,它使用 Sigmoid 门自适应地调整每个节点的特征向量和邻点的特征向量,消除了 RNN 的压缩映射的限制;之后,图注意力网络(graph attention networks,GAT)利用注意力机制定义图卷积;GraphSAGE 则通过邻点采样的方式加速图神经网络在大规模图数据上的学习;事实上,几乎所有的图神经网络都可以被认为是某种形式的消息传递,于是消息传递网络(message passing neural networks,MPNN)[28] 作为一种几乎可以囊括绝大部分图神经网络模型被提出来.

具体来说,MPNN 将图神经网络消息传递分解成两个步骤:消息传递和状态更新,分别用 M 函数与 U 函数表示. 在 t 时刻,在对于每一个节点 v 和其特征向量 h_v^t,M 函数与 U 函数的具体作用如下:

首先,使用 M 函数聚合来自所有 v 的邻点的特征向量 h_v^t,得到传递给节点 v 特征向量 m_v^{t+1}.

之后,U 函数作用在节点 v 的特征向量 h_v^t 和收到的特征向量 m_v^{t+1} 上,得到节点 v 在 $t+1$ 时刻的特征向量 h_v^{t+1}.

从 MPNN 的框架与图 10.12[74] 中不难发现,在进行消息传递前,需要在给定的图 G 中,对目标节点在时间 T 内的每一层进行采样,如果每一层的节点选取其所有的邻点集合,将使得系统存储呈指数增长,进而不利于存储和计算,这被称为图神经网络模型的“领域爆炸”问题. 为了解决这个问题,采样方式可以采取如下三种方式进行优化:

逐点采样 在每一层的计算过程中,对于层中每个节点,从其邻点

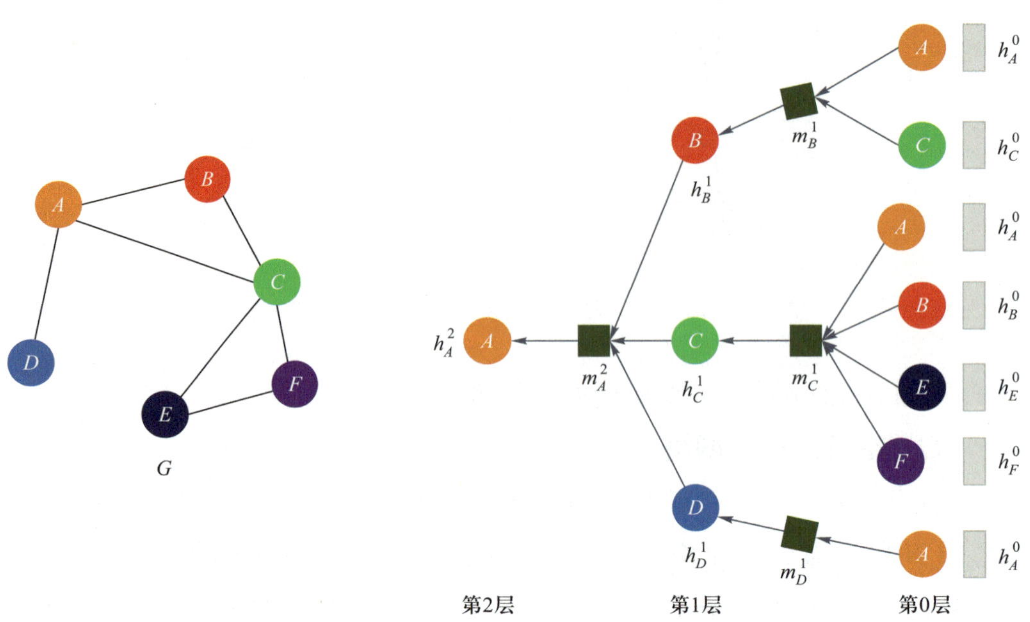

图 10.12　MPNN 框架下对图 G 中目标节点 A 进行两层消息传递与更新示意图

集合中采样得到节点集合；

逐层采样　在每一层的计算过程中，层中的每个节点从节点集合中选取其邻点；

子图采样　在每一层的计算过程中，首先在原图中采样得到一个子图，并将其结构传入图神经网络模型.

通过优化后的采样方式可以有效缓解图神经网络模型的“领域爆炸”问题.

3. 图神经网络的应用

我们已经知道 MPNN 对每个节点都进行消息传递和更新，这样，我们可以得到每个节点在时间 T 时的特征向量 h_v^T，这可以被用于下游任务中节点任务、边任务、图任务等.

(1) **节点任务**

节点任务包括节点的分类、回归、聚类等. 一般会用一个预测函数，如 Softmax 或 Sigmoid 函数，作用在节点的最终特征向量上，然后判断节点属性. 比如在引文网络中预测论文所属的领域、主题.

(2) **边任务**

边任务包括边分类、边预测等. 一般会用一个打分函数，如 Sigmoid

函数作用于任意两个节点的最终特征向量,给出两个节点之间连边的概率. 比如在商品推荐任务中预测用户是否会点击商品.

(3) 图任务

图任务不依赖于图中的某一个节点或某一条边,而是从图的整体出发实现图的分类、图的生成、图的匹配等. 一般会用一个读取函数,如加和函数、均值函数等,将所有节点的最终特征向量整合成整个图的向量表示后,再用一个预测函数,如 Softmax 或 Sigmoid 函数,作用于整合后的图向量,判断图的类别. 比如预测药物分子图性质.

由于图结构的数据的普遍性和图神经网络的强大表达能力,在实际应用中图神经网络已经拓展到了人工智能的众多领域,如基于社交网络的推荐系统、自然语言处理、计算机视觉推理等.

知识拓展

1. 高阶复杂网络. 高阶交互关系意味着网络中的个体之间不仅存在二元交互关系,而且还存在多个个体进行交互的关系. 例如,蛋白质互作网络中基因表达调节、细胞周期调控等需要多个蛋白质共同完成,脑网络中信息的传递需要多个神经元共同调控,社会网络的合作关系也超越了二元交互. 这种高阶交互关系可以通过构建高阶网络来描述.

高阶网络有两种广义表示形式:单纯复形(simplicial complex)和超网络(hypernetwork). 具体来说,一个单纯复形是由单纯形组成的拓扑对象,其中 $k-$单纯形是由 $k+1$ 个节点组成的凸包;超网络即在超图上定义的网络.

为了更好模拟真实网络的高阶结构,理解高阶结构特性及其对网络功能的影响,高阶网络有以下两种建模方式:节点按照某种连接规则加入现有网络中以构建高阶增长模型;在网络固定某些特征的条件下,对网络中的连边进行重连以构建高阶随机化模型. 通过构建高阶网络,研究人员可以研究高阶关系上的疾病或信息传播、同步与控制、演化博弈等问题. 通过提取高阶网络的高阶特征,可以进一步研究节点的重要性,网络的差异性,重要链路的挖掘等.

2. 图神经网络的研究热点. 近年来,图神经网络的研究成果为图数据上的任务解决模式带来了巨大的变革,也为跨学科领域的研究带来革命性突破,如数据挖掘领域中的社交网络分析任务、交通网络预测任务、药物发现任务等. 但随着对图神经网络越来越深入的了解,人们发现图神经网络仍存在一些缺陷等待解决.

(1) 可解释性　图神经网络通常使用复杂的迭代方法来处理图数据,这使得很难查看其内部的计算过程并理解模型的决策. 相对其他深度学习模型,图神经网络缺少一定的可解释性,通常被视为黑盒,因此图神经网络的可解释性正受到广泛关注和研究.

(2) 公平性　图神经网络的公平性是指图神经网络能够在多大程度上做出无偏见的决策,不歧视某些群体中的个体. 但当前实验表明在节点分类任务上,图神经网络对度小的节点的分类错误率比度大的节点的分类错误率要高,因此如何解决图神经网络的公平性仍然是一个巨大的挑战.

(3) 表达能力　图神经网络虽然具有强大的表达能力,但对于图同构任务而言,已有研究表明,图神经网络在区分非同构方面的能力不会超过 WL 测试,因此如何设计表达能力强大的图神经网络,将不同结构的图映射到不同的嵌入从而区分它们,是近年来的研究热点.

(4) 自监督学习　图神经网络为了获得较好的学习效果,通常需要大量有标签的数据,但在实际生活中,收集大量有标签的数据成本高昂,而获得没有标签的数据通常是较容易的一件事情,因此如何针对没有标签的数据设计自监督学习的图神经网络仍是一个难点.

习题 10

1. 求图 10.1 (b) 的网络密度和平均距离.

2. 试推导 WS 小世界网络模型和 BA 无标度网络模型的度分布、聚类系数、平均路径长度的期望.

3. 试推导 BA 无标度网络模型中节点 i 的度 $d_i(t)$ 随时间 t 的演化公式.

4. 请阅读 *How powerful are graph neural network*? 一文,并参阅斯坦福大学 CS224W 课程中撰写的一篇读书报告.

5. 试用 MPNN 框架对 Cora 引文数据进行点分类任务.

常用符号

A_G:图 G 的邻接矩阵

A_D:有向图 D 的邻接矩阵

A_N:网络 N 的邻接矩阵

C_n: n 阶圈

$d_G(v)$:图 G 中顶点 v 的度

$d_D^+(v)$:有向图 D 中顶点 v 的出度

$d_D^-(v)$:有向图 D 中顶点 v 的入度

$d_G(u,v)$:图 G 中从 u 到 v 的距离

$D_B(d,t)$:de Bruijn 图

$D_K(d,t)$:Kautz 图

$\deg(f)$:面 f 的度

$\operatorname{diam}(G)$:图 G 的直径

$F(G)$:平面图 G 的面

$\overline{G}$:图 G 的补图

G^*:平面图 G 的对偶图

$G[V']$:图 G 的由顶点集 V' 导出的子图

$G[E']$:图 G 的由边集 E' 导出的子图

$G\oplus H$:图 G 和图 H 的对称差

$G\times H$:图 G 和图 H 的笛卡儿乘积

$G\cap H$:图 G 和图 H 的交

$G\cup H$:图 G 和图 H 的并

$G-H$:从 G 中删除 H 的所有顶点以及相关联的边而得到的图

$G\vee H$:图 G 和图 H 的连

$H\subseteq G$:H 是图 G 的子图

K_n:n 阶完全图

$K_{s,t}$:部集的阶分别为 s,t 的完全二部图

$L(D)$:有向图 D 的线图

$L(G)$:图 G 的线图

M_G:图 G 的关联矩阵

M_D:有向图 D 的关联矩阵

$N_G(v)$:图 G 中顶点 v 的邻集

$N_D^+(v)$:有向图 D 中顶点 v 的出邻集

$N_D^-(v)$:有向图 D 中顶点 v 的入邻集

$o(G)$:图 G 的奇分支数

P_n:n 阶路

$\lceil r\rceil$:不小于 r 的最小整数

$\lfloor r\rfloor$:不大于 r 的最大整数

$\operatorname{rad}(G)$:图 G 的半径

$\delta(G)$:图 G 的最小度

$\Delta(G)$:图 G 的最大度

$\delta^+(D)$:有向图 D 的最小出度

$\delta^-(D)$:有向图 D 的最小入度

$\Delta^+(D)$:有向图 D 的最大出度

$\Delta^-(D)$:有向图 D 的最大入度

$\chi(G)$:图 G 的点色数

$\chi'(G)$:图 G 的边色数

$\alpha(G)$:图 G 的独立数

$\beta(G)$:图 G 的点覆盖数

$\gamma(G)$:图 G 的支配数

$\kappa(G)$:图 G 的连通度

$\lambda(G)$:图 G 的边连通度

$\omega(G)$:图 G 的团数

$\binom{n}{k}=\frac{n(n-1)\cdots(n-k+1)}{k!}(k\leqslant n)$

参考文献

[1] Adleman L M. Molecular computation of solutions to combinatorial problems. Science, 1994, 266: 1021-1024.

[2] Bang-Jensen J, Gutin G. Digraphs: Theory, Algorithm, and Applications. 2nd ed. New York: Springer, 2009.

[3] Barabási A L, Albert R. Emergence of scaling in random networks. Science, 1999, 286: 509-512.

[4] Barabási A L. 巴拉巴西网络科学. 沈华伟, 黄俊铭, 译. 郑州: 河南科技出版社, 2020.

[5] Benjamin A, Chartrand G, Zhang P. 图论: 一个迷人的世界. 程晓亮, 管涛, 范兴业, 等译. 北京: 机械工业出版社, 2016.

[6] Bermond J C, Peyrat C. De Bruijn and Kautz networks: A competitor for the hypercube. In: Hypercube and distributed computers. North-Holland: Elsevier Science Publishers, 1989: 279-493.

[7] Bollobás B. Modern Graph Theory. New York: Springer, 1998.

[8] Bollobás B. Random Graphs. 2nd ed. New York: Cambridge University Press, 2001.

[9] Bondy J A, Murty U S R. Graph Theory. New York: Springer, 2008.

[10] Brandt S, Chen G, Faudree R J, et al. Degree conditions for 2-factors. J. Graph Theory, 1997, 24: 165-173.

[11] Chang Z, Li G, Liu J, et al. Bridger: A new framework for de novo transcriptome assembly using RNA-seq data. Genome Biology, 2015, 16: 1-10.

[12] Chen M, Fan Y, Wang Y, et al. A sufficient condition for planar graphs to be (3, 1)-choosable. J. Comb. Optim., 2017, 34: 987-1011.

[13] Chiba S, Yamashita T. Degree conditions for the existence of vertex-disjoint cycles and path: a survey. Graphs and Combinatorics, 2018, 34: 1-83.

[14] Chiba S, Jiang S, Yan J. Partitioning a graph into cycles with a specified number of chords. J. Graph Theory, 2020, 94: 463-475.

[15] Cook W J, Cunningham W H, Pulleyblank W R, et al. 组合优化. 李学良, 史永堂, 译. 北京: 高等教育出版社, 2011.

[16] Cormen T H, Leiserson C E, Rivest R L, et al. Introduction to Algorithms. 2nd ed. Cambridge: MIT Press, 2001.

[17] 戴汝为,操龙兵. Internet—— 一个开放的复杂巨系统. 中国科学E辑:技术科学,2003,4:289-296.

[18] 刁在筠,刘桂真,戎晓霞,等. 运筹学. 4版. 北京:高等教育出版社,2016.

[19] Diestel R. Graph theory. 5th ed. New York:Springer,2016.

[20] Diestel R. 图论. 5版. 于青林,译. 北京:科学出版社,2020.

[21] Ding L,Han J,Sun S,ed al. F-factors on quasi-random hypergraphs. J. Lond Math. Soc.,2022,106:1810-1843.

[22] Erdős P,Rényi A. On the evolution of random graphs. Publication of the Mathematical Institute of the Hungarian Academy of Sci.,1960,5:17-60.

[23] Fan G. Integer 4-flows and cycle covers. Combinatorica,2017,37:1097-1112.

[24] Fan G. Integer flows and cycle covers. J. Combin. Theory,Ser. B,1992,54:113-122.

[25] Fan G. New sufficient conditions for cycles in graphs. J. Combin. Theory,Ser B,1984,37:221-227.

[26] Feng J,Gao Y,Wu J. The edge colorings of K_5-minor free graphs. Discrete Math.,2021,344:112-360.

[27] 高随祥. 图论与网络流理论. 北京:高等教育出版社,2009.

[28] Gilmer J,Schoenholz S S,Riley P F,et al. Neural message passing for quantum chemistry. In:International conference on machine learning,PMLR,2017:1263-1272.

[29] Grabherr M G,Haas B J,Yassour M et al. Full-length transcriptome assembly from RNA-Seq data without a reference genome. Nat. Biotechnol,2011,29:644-652.

[30] Gu R,Gu X,Shi Y,et al. ℓ-Connectivity and ℓ-edge-connectivity of random graphs. J. Graph Theory,2022,101:5-28.

[31] He D,Wang Y,Yu X. The Kelmans-Seymour conjecture IV:A proof. J. Combin. Theory,Ser B,2020,144:309-358.

[32] 胡运权. 运筹学基础及应用. 7版. 北京:高等教育出版社,2004.

[33] Kipf T N,Welling M. Semi-supervised classification with graph convolutional networks. J. International Conference on Learning Representations (ICLR 2017),2016.

[34] Korte B,Vygen J. Combinatorial Optimization. 6th ed. New York:Springer,2018.

[35] Kühn D,Osthus D. A survey on Hamilton cycles in directed graphs. European J. Combin.,2012,33:750-766.

[36] Lai H J,Shao Y,Yan H. An update on supereulerian graphs. Wseas Transactions on Mathematics,2013,12:926-940.

[37] 兰家隆,刘军. 应用图论及算法. 成都:电子科技大学出版社,1995.

[38] Li G,Liu B,Ma Q,et al. A new framework for identifying cis-regulatory motifs in prokaryotes. Nucleic Acids Research,2011,39:e42.

[39] Li H. Generalization of Dirac's theorem in Hamiltonian graph theory:A survey.

Discrete Math,2013,313:2034-2053.

[40] Li X,Shi Y,Gutman I. Graph Energy. New York:Springer,2012.

[41] Liu B,et al. An integrative and applicable phylogenetic footprinting framework for cis-regulatory motifs identification in prokaryotic genomes. BMC Genomics, 2016,17:578.

[42] 刘桂真 . 图与网络——优化决策的图论方法 . 上海:上海科学技术出版社, 2008.

[43] Liu J,Yu T,Jiang T,et al. TransComb:genome-guided transcriptome assembly via combing junctions in splicing graphs. Genome Biology,2016,17.

[44] 刘忠雨,李彦霖,周杨 . 深入浅出图神经网络 . 北京:机械工业出版社,2020.

[45] Lovász L,Plummer M D. Matching Theory. Annals of Discrete Math.,1986,29.

[46] Lu H,Wang Y,Yu X. Rainbow perfect matchings for 4-uniform hypergraphs. SIAM J. Discrete Math.,2022,36:1645-1662.

[47] Ma Q,Liu B,Zhou C,et al. An integrated toolkit for accurate prediction and analysis of cis-regulatory motifs at a genome scale. Bioinformatics,2013,29:2261-2268.

[48] 马腾飞 . 图神经网络:基础与前沿 . 北京:电子工业出版社,2021.

[49] 马耀,汤继良 . 图深度学习 . 王怡琦,金卫,译 . 北京:电子工业出版社,2021.

[50] McCulloch W S,Pitts W. A logical calculus of the ideas immanent in nervous activity. Bull. Math. Biophys.,1943,5:115-133.

[51] Milgram S. The small world problem. Psychology Today,1967,2:60-67.

[52] Moon J W. Various proofs of Cayley's formula for counting trees. In:A Seminar on Graph Theory,1967,70-78.

[53] Newman M E J. 网络科学导论 . 郭世泽,陈哲,译 . 北京:电子工业出版社, 2014.

[54] Niu Y,Qu C,Wang G,et al. RWHMDA:random walk on hypergraph for microbe-disease association prediction. Frontiers in Microbiology,2019,10:1578.

[55] Richardson T,Urbanke R. Modern Coding Theory. New York:Cambridge University Press,2008.

[56] Schrijver A. Combinatorial Optimization. New York:Springer,2003.

[57] Sherman A T,McGrew D A. Key establishment in large dynamic groups using one-way function trees. IEEE transactions on Software Engineering,2003,29: 444-458.

[58] Song C,Yan J. Partition and disjoint cycles in digraphs. Graph & Combin.,2023, 39.

[59] 孙惠泉 . 图论及其应用 . 北京:科学出版社,2004.

[60] 田丰,张运清 . 图与网络流理论 . 2 版 . 北京:科学出版社,2015.

[61] Wang H,Wang Y,Yan J. Disjoint cycles in a digraph with partial degree. SIAM J. Discrete Math.,2023,37:221-232.

[62] Wang Q,Chen S,Wang H,et al. Predicting brain regions related to alzheimer's disease based on global feature. Front Comput. Neurosci.,2021,15.
[63] 王树禾 . 图论 . 北京:科学出版社,2004.
[64] 汪小帆,李翔,陈关荣 . 网络科学导论 . 北京:高等教育出版社,2012.
[65] Watts D J,Strogatz S H. Collective dynamics of "small-world" networks. Nature,1998,393:440-442.
[66] West D B. Introduction to graph theory. 2nd ed. Upper Saddle River:Prentice Hall,2001.
[67] West D B. 图论导引 . 李建中,骆吉洲,译 . 北京:机械工业出版社,2007.
[68] Wilson R J. Introduction to Graph Theory. 5th ed. London:Pearson,2014.
[69] Wu D,Xu B,Xu Y. On coloring of graphs of girth 2l + 1 without longer odd holes. SCIENTIA SINICA Mathematica,2023,53:103-120.
[70] Xu B,Yu G,Zha X. A note on chromatic number and induced odd cycles. The Electronic J. Combin.,2017,24 .
[71] 徐俊明 . 图论及其应用 . 4 版 . 合肥:中国科学技术大学出版社,2019.
[72] Yang D,Bai Y,Wang G,et al. On splitting digraphs. European J. Combin.,2018, 71:174-179.
[73] 杨玉军 . 图的电阻距离综述 . 集美大学学报(自然科学版),2022,27:1-16.
[74] Ying R,He R,Chen K,et al. Graph convolutional neural networks for web-scale recommender systems. In:Proceedings of the 24th ACM SIGKDD international conference on knowledge discovery & data mining,2018:974-983.
[75] Yu Q R,Liu G. Graph Factors and Matching Extensions. 北京:高等教育出版社, 2009.
[76] Zhang C Q. Integer Flows and Cycle Covers of Graphs. New York:Marcel Dekker Inc,1997.
[77] 张先迪,李正良 . 图论及其应用 . 北京:高等教育出版社,2004.
[78] Zhang Y,Waterman M S. An Eulerian path approach to local multiple alignment for DNA sequences. PNAS,2005,102 (5):1285-1290.
[79] Zhu X. Circular chromatic number:a survey. Discrete Math.,2001,229:371-410.

名词索引